深层高应力储层压裂技术与实践

李勇明　赵金洲　彭　翔　著

科学出版社

北　京

内 容 简 介

本书以玉门油田酒东探区深层高应力储层为对象，系统总结压裂技术研究成果与现场实施效果；剖析储层压裂改造难点，提出压裂改造技术思路和压裂液性能要求并推荐压裂液体系，形成综合降低地面施工压裂技术，开展典型井的压裂方案优化设计和现场实施，分析影响压裂开发稳产的关键因素和实施缝网压裂的可行性。

本书可供从事油气田开发工作的管理人员和技术人员参考，也可作为高等院校相关专业研究生的教学参考书。

图书在版编目(CIP)数据

深层高应力储层压裂技术与实践 / 李勇明, 赵金洲, 彭翔著. — 北京：科学出版社, 2020.12

   ISBN 978-7-03-066943-8

   Ⅰ. ①深… Ⅱ. ①李… ②赵… ③彭… Ⅲ. ①油层水力压裂-研究

Ⅳ. ①TE357.1

   中国版本图书馆 CIP 数据核字 (2020) 第 227203 号

责任编辑：罗 莉 / 责任校对：彭 映
责任印制：罗 科 / 封面设计：墨创文化

科学出版社 出版

北京东黄城根北街16号
邮政编码：100717
http://www.sciencep.com

四川煤田地质制图印刷厂印刷
科学出版社发行 各地新华书店经销

*

2020 年 12 月第 一 版 开本：787×1092 1/16
2020 年 12 月第一次印刷 印张：11
字数：267 000
定价：149.00 元
(如有印装质量问题,我社负责调换)

前　　言

　　水力压裂是目前油气田现场广泛应用的油气增产技术，如何提高压裂效果是油气田开发学术界与油气工业界一直共同关注和研究的热点问题。本书系统总结了玉门油田酒东探区深层高应力储层的压裂技术研究成果与现场实施效果。

　　本书结合储层特征和前期压裂情况，剖析了压裂改造的主要难点，由此提出了压裂的主要技术思路。依据储层物性条件和压裂施工工艺要求，提出了压裂液体系的性能要求，通过室内实验优选了压裂液增稠剂及其他添加剂，并对优化、调试的压裂液体系进行了综合性能评价，优化形成了加重压裂液配方。分析了地层破裂压力异常高的主要因素，综合应用测井解释资料、室内静态岩石力学测试数据及压裂施工资料，研究了纵向分层应力剖面与破裂压力预测技术。开展了典型井方案设计和现场实施效果分析。应用油藏数值模拟技术，对典型压裂井的压后生产动态进行拟合，分析影响压裂开发稳产的关键因素。借鉴致密油藏压裂和裂缝性储层压裂技术思路，优化滑溜水压裂工艺技术，探索能实现高应力裂缝性储层缝网改造的工艺技术。

　　本书成果得到玉门油田公司委托科研项目的支持，项目研究和实施过程中，玉门油田公司的刘战君、孙峻、张万全、张庆九、蒙炯、侯智广等领导和技术员给予了大量指导和帮助，西南石油大学的江有适、彭瑀、孔烈、辛军、毛虎等参与了项目研究工作，在此一并致谢。限于作者水平，加之油气田压裂技术不断发展进步，本书难免存在不足之处，恳请同行学者和读者批评指正。

目　录

第 1 章 储层地质特征与压裂关键技术分析

1.1 储层基本特征

1.1.1 地质特征

酒东探区位于甘肃省酒泉市以东 40 km 处，属酒泉市管辖。区内地表为戈壁，地形平缓，地面平均海拔约为 1600 m。区内交通发达，兰新铁路、312 国道纵贯全区，交通和通信条件便利。区内春、秋季多风，最大风力为 9 级；年平均气温为 5～8 ℃，夏季最高气温可达 40 ℃，冬季最低气温可达-30 ℃；干燥少雨，年平均降水量为 50～200 mm。

酒东拗陷自西向东依次分为天泉寺凸起、营尔凹陷、清水凸起、马营凹陷及北部的盐池凹陷。营尔凹陷位于酒泉盆地酒东拗陷的中部，西起嘉峪关隆起，东到清水凸起，南倚北祁连山麓。营尔凹陷是酒泉盆地内主要的生烃凹陷之一。

长沙岭断鼻位于营尔凹陷的中部，为一轴向近东西向、向东倾伏的鼻状构造，构造面积较大，形态较为完整。

营尔凹陷钻遇地层主要有第四系、新近系、古近系、白垩系。白垩系是主要目的层。最大沉积厚度超过 4000 m，可进一步划分为中沟组、下沟组和赤金堡组，长沙岭构造目前发现的油气层主要有 3 套，由上向下依次为下沟组 K_1g_3 段、下沟组 K_1g_1 段和赤金堡组（K_1c）。

1.1.2 构造特征

长沙岭构造为轴向近东西向，依附于黑梁断层向东倾伏的大型断鼻，下白垩统下沟组 K_1g_3 段圈闭面积为 282 km^2。长沙岭大型鼻状构造受多条东倾正断层的切割，构造内断层发育，主要受延伸距离较远（15～20 km）、断距较大（100～200 m）的长 1、长 2 断层的控制，使构造进一步复杂化。目前发现的主要含油圈闭层为下白垩统下沟组 K_1g_3 段和下沟组 K_1g_1 段（表 1-1）。

表 1-1 长沙岭大型鼻状构造圈闭要素表

层位	圈闭类型	高点埋深/m	闭合高度/m	圈闭面积/km^2	地层倾角/(°)	构造走向
K_1g_3	断鼻	3680	1800	282	5～30	近东西向
K_1g_1	断鼻	3930	2100	226	5～30	近东西向

在早白垩世，营尔凹陷受北祁连北缘断裂和龙首山-合黎山走滑断裂系的作用，在凹陷内形成了一组近北北东向和北西西向的共轭剪切断裂。其中，近北北东向的断层规模普

遍较大，延伸距离较远，而北西西向的断层多被其切割。

1.1.3　储层特征

长沙岭下白垩统碎屑岩具有磨圆为次棱、分选为中—好、成分成熟度和结构成熟度都比较高的特点。砂岩的碎屑组成包括石英、长石、岩屑，砂岩类型主要为岩屑砂岩。

石英：平均含量为 55%，变化范围为 25%～74%，并见石英次生加大现象。

长石：以正长石为主，平均含量为 17%，变化范围为 8%～52%，并见少量长石发生局部溶蚀及长石加大现象。

岩屑：砂岩组成中岩屑含量较低，平均含量在 17% 左右，岩屑主要成分为变质泥岩、石英岩、酸性喷出岩等。

杂基：杂基主要为云母绿泥石质黏土，平均为 6%，变化范围为 1%～43%。

胶结物：胶结物为粉晶铁白云石，砂岩胶结物含量普遍比较高，平均为 10%，变化范围为 1%～48%。胶结物成分以白云石为主，其次为少量的方解石。

长沙岭下白垩统由于快速深埋藏压实作用及成岩作用，岩性较致密，加之构造运动较弱，构造缝不发育。钻井取心、铸体薄片、荧光薄片、扫描电镜和成像测井资料反映，该区下沟组和赤金堡组储层的储集空间主要为孔隙。孔隙主要为粒间孔、溶蚀孔洞和微孔隙（如粒内微孔及粒间微孔隙等）；溶蚀孔洞分为粒间溶孔、粒内溶孔、晶间溶孔、溶孔及溶洞。

长沙岭下白垩统下沟组 K_1g_3 段有效储层物性统计显示，最小孔隙度为 5.92%，最大孔隙度为 22.90%，平均孔隙度为 13.18%；最大渗透率为 $909.00 \times 10^{-3} \ \mu m^2$，最小渗透率为 $0.48 \times 10^{-3} \ \mu m^2$，平均渗透率为 $7.153 \times 10^{-3} \ \mu m^2$（表 1-2）。

表 1-2　长沙岭下白垩统下沟组 K_1g_3 段有效储层物性统计表

物性特征		下沟组 K_1g_3 段(样品数)
孔隙度/%	最小值	5.92
	最大值	22.90
	平均值	13.18(70 块)
渗透率/($\times 10^{-3} \ \mu m^2$)	最小值	0.48
	最大值	909.00
	平均值	7.153(58 块)
岩性		粉细砂岩、含砾砂岩

1.1.4　储层类型

根据长沙岭白垩系储层毛管压力曲线形态和储层物性特征，可将储层分为两类，即孔隙型储层和致密型储层。

孔隙型储层：主要见于粉细砂岩、含砾砂岩和砾岩中，孔隙类型以原生孔隙为主，发育有少量的溶孔、晶间孔等次生孔隙。储层孔隙度为 6%～15%，渗透率大于 $0.5 \times 10^{-3} \ \mu m^2$，平均孔喉直径大于 0.2 μm，有效孔喉控制的孔隙体积为 10%～40%。毛管压力曲线表现出孔隙型的特点。

致密型储层(非储层)：主要见于泥岩及致密砂砾岩中，基本无裂缝发育，孔隙类型以晶间孔等次生孔隙为主，原生孔隙不发育。储层孔隙度小于 6.0%，渗透率小于 $0.5 \times 10^{-3} \ \mu m^2$，平均孔喉直径小于 0.2 μm，有效孔喉(直径 D 大于 0.2 μm)控制的孔隙体积小于 10%，储层岩心的孔隙度和渗透率直方图如图 1-1 和图 1-2 所示。

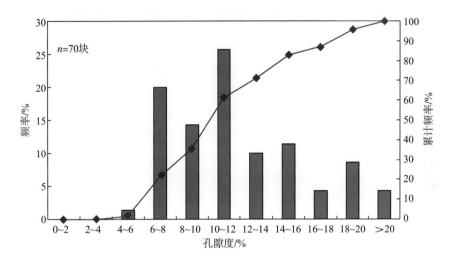

图 1-1　长沙岭下白垩统下沟组 K_1g_3 段岩心孔隙度直方图

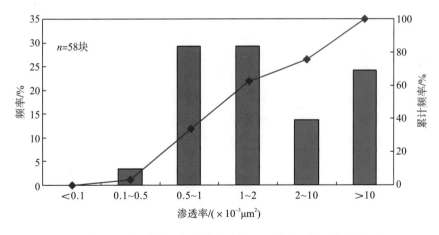

图 1-2　长沙岭下白垩统下沟组 K_1g_3 段岩心渗透率直方图

1.1.5　油藏特征

1. 油气藏类型

长沙岭断鼻构造内白垩系 3 个油藏均为岩性-构造油藏，主要依靠天然弹性能量驱动。对于长沙岭下白垩统下沟组 K_1g_3 段油藏，通过测井解释和试油试采证实油藏顶部是油层。

其油藏内的气为溶解气(表 1-3)。

表 1-3   长沙岭下白垩统下沟组 K_1g_3 段油藏参数表

油气藏名称	油气藏类型	驱动类型	高点埋藏深度/m	含油气高度/m	中部海拔/m	原始地层压力/MPa	压力系数	饱和压力/MPa	地饱压差/MPa	地层温度/℃	地温梯度/[℃·(100 m)⁻¹]
长沙岭	岩性-构造	弹性能量驱动	3500	1000	-2450	68	1.71	20.72	47.28	147.8	2.54

2. 温度及压力系统

根据实测温度数据可以得到储层温度与储层深度的关系方程:

$$T=27.0589+0.0254H \tag{1-1}$$

式中,T 为储层温度,℃;H 为储层深度,m。

从式(1-1)可得平均地温梯度为 2.54 ℃/100 m。该地温梯度属于低温的范畴,与我国西部地区总体地温梯度一致。

长沙岭构造实测油层中部温度为 125~144.44 ℃。

通过 C101 井的地层测试数据及其高压物性分析结果,可得到 K_1g_3 段原始地层压力与海拔的关系:

$$P=50.64-0.00697H \tag{1-2}$$

式中,P 为原始地层压力,MPa;H 为油藏海拔,m。

3. 流体性质

依据 C3 井的高压物性可知,地下原油密度为 0.697 g/cm³,地层原油黏度为 0.224 mPa·s,地面原油密度为 0.810 g/cm³,原始气油比为 145 m³/m³,体积系数为 1.375,地层原油压缩系数为 28.779×10⁻⁴ MPa⁻¹,饱和压力为 20.72 MPa。流体特征表现为轻质成分含量较高、重质成分含量较低。依据 C101 井 PVT 分析数据可知:地层水密度为 0.996 g/cm³,脱气水密度为 1.055 g/cm³,黏度为 0.44 mPa·s,气水比为 1.12 m³/t(1.18 m³/m³),地层水体积系数为 1.06,地层水压缩系数为 6.981×10⁻⁴ MPa⁻¹,水型为 NaHCO₃ 型。

1.2   前期压裂分析

表 1-4 为酒东前期压裂情况统计。从 C2 井的压裂施工曲线判断,试压 90 MPa,在对应 75 min 前油压 3 次出现明显下降,可能是某台压裂车出现了问题。施工排量从 0.5 m³/min 提升到 1.5 m³/min 后施工压力保持在 60 MPa 左右,无明显地层破裂特征。注前置液后期的排量提升至 3.0 m³/min,施工压力为 76~78 MPa。开始加砂时的施工压力略有下降,采用了近线性加砂模式,在砂比接近 20%时压力急剧上升,之后顶替过程中压力超过 90 MPa,多次起泵未完成顶替,此次压裂共加砂 12 m³,压后未取得增产效果。

表 1-4　酒东前期压裂情况统计

序号	井号	井段/m	实际加砂/m^3	备注
1	C2	3902~3994.5	12	施工失败
2	C3	4650.5~4711	21.1	30/50 目陶粒，5″ 套管注入
3	C4	4939.8~5019.2	1.87+15	30/50 目陶粒，5″ 套管注入

C3 井压裂采用施工管柱：5″ 套管(3050 m)+3$\frac{1}{2}$″油管(110 m)+2$\frac{7}{8}$″油管(490 m)组合管柱，油管下入深度为 3650±2.0 m，设计的顶替液量达到 42.2 m^3。2006 年 10 月 7 日施工，压裂井段为 4650.5~4711 m，跨度为 60.5 m，射开厚度为 17.8 m/9 层。前置液为 244.5 m^3，携砂液为 125 m^3，前置液比例高达 66%。实际加砂为 30/50 目陶粒 21.1 m^3(设计为 27 m^3)，砂比为 5.8%~20%，平均为 14.5%；设计砂比为 6.5%~33%，未完成设计的加砂量，工艺未获成功。

该井压后未增产，产液剖面测试出现增产失败，产量降低。可能原因如下：①前置液用量过多，破胶剂浓度过低，破胶不彻底，影响压裂液返排，导致压裂形成二次污染；②按射开厚度计算的加砂强度为 1.18 m^3/m，加砂强度低，改造力度有限，且采用 30/50 目陶粒的导流能力较低；③纵向上多层压裂的压开程度不均匀，可能导致渗透性好的部分层段进入较多的前置液，但由于滤失相对较大，裂缝扩展不充分，支撑剂进入少，改造基本无效。

C4 井压裂采用施工管柱：5″ 套管+3$\frac{1}{2}$″+2$\frac{7}{8}$″油管组合，设计的顶替液量达到 40 m^3。2008 年 7 月 16 日施工，压裂井段为 4939.8~5019.2 m，跨度为 79.4 m，射孔段厚度为 19.4 m/6 层。该井压裂的总液量为 282.9 m^3，施工压力一直维持在 90 MPa，施工排量为 2.6 m^3/min，由于施工压力高，采用了较小的前置液量 62 m^3。加砂过程中摩阻较大，施工压力未出现降低迹象，采用了中低砂比进行加砂，该井共加入支撑剂 1.87 m^3+15 m^3(设计粉陶 2 m^3，30/50 目陶粒 18 m^3)，砂比为 6%~20%，平均为 11.7%，无增产效果。

1.3　压裂改造的主要难点

综合分析酒东压裂有关的储层特征和前期压裂施工情况，认为该探区压裂改造的主要难点如下。

(1)长沙岭构造受多条东倾正断层的切割(图 1-3)，自西向东被切割为多个局部断块，断层复杂可能导致裂缝发育、构造应力复杂。

岩心分析表明，C2 井层理、微裂缝较发育。另外，根据 C102 井施工压力特征判断明显遇到了裂缝。对于裂缝性(或压裂过程中裂缝张开)储层的压裂，由于天然裂缝导致岩石的力学性质发生较大变化，使裂缝性储层的扩展比均质砂岩油藏的裂缝扩展复杂得多。目前对裂缝性油藏压裂的滤失方面的研究甚少，还没有一套完整的裂缝扩展和滤失模型，难以实现定量优化。

在断层附近可能导致附加的构造应力，使水平应力急剧增加，导致裂缝地层破裂压力和裂缝延伸压力大大增加，压开地层的难度很大，加砂更是难上加难。当水平应力增加到接近垂向应力时，可能出现复杂裂缝扩展状态，最近国外研究人员在深达 3000 m 的地层发现了水平裂缝的证据。

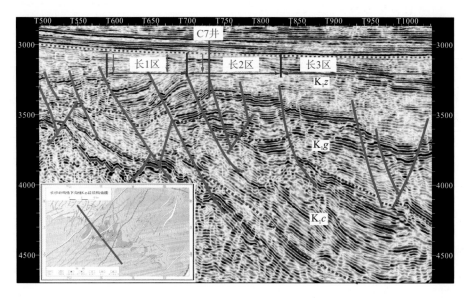

图 1-3　长沙岭二次三维过 C7 井地震剖面示意图(Line614)(单位：m)

(2)局部构造引起停泵压力梯度大，对应裂缝闭合压力高，支撑剂易破碎或嵌入地层导致裂缝的宽度窄、有效导流能力低。

C3 井和 C4 井的停泵压力分别为 64 MPa、73 MPa。产生如此高的停泵压力梯度的原因有两个：一是由于埋藏深及岩性比较硬；二是由局部构造应力变化造成储层最大与最小主应力差很小，裂缝形态复杂。裂缝有可能在垂直平面内扩展，然后逐渐产生偏转，甚至会产生垂直到水平的 T 形裂缝，形成高停泵压力梯度。

(3)异常高压(表 1-5)也证实储层存在巨大的挤压应力，同时异常高压导致裂缝闭合慢，对于致密储层可能导致井口油套压居高不下，返排控制困难，易出现支撑剂回吐。

形成异常高压的主要原因如下：①高的供水源；②地质构造作用，造成地层上升、巨大地应力的挤压；③水热增压作用，温度升高，流体体积膨胀；④渗透作用，水由盐浓度低的一侧通过泥岩半透膜向高侧渗透。因此，酒东复杂断块油田异常的主要成因应为地质构造作用。

表 1-5　酒东长沙岭地区地层压力测试数据(K_1g_3)

井号	油层中部深度/m	原始地层压力/MPa	压力系数
C8 井	4022	76.85	1.95
C202 井	3999	69.95	1.78

(4)长沙岭各油层段单砂层平均厚度一般为 2～3 m，多薄层导致多条裂缝同时起裂，延伸差的裂缝难以进砂，不利于纵向上的均匀改造。薄层压裂如果隔层的应力差较小，则

可导致裂缝高度延伸大，影响压裂的横向延伸，同时导致纵向上的支撑剂铺置不合理。

（5）储层分析表明，长沙岭构造储层在纵向和横向上非均质性较强，压裂方案难以做到普适性，改造效果差异大。

C101 井 $K_1g_1^3$ 砂岩：最大孔隙度为 24.04%，平均为 10.57%，最大渗透率为 $9.426 \times 10^{-3} \ \mu m^2$，平均为 $3.442 \times 10^{-3} \ \mu m^2$。C2 井 $K_1g_1^3$ 砂岩：最大孔隙度为 12.395%，平均为 11.024%，最大渗透率为 $7.224 \times 10^{-3} \ \mu m^2$，平均为 $7.138 \times 10^{-3} \ \mu m^2$。C3 井 $K_1g_1^3$ 砂岩：最大孔隙度为 15.133%，平均为 9.372%；最大渗透率为 $3.824 \times 10^{-3} \ \mu m^2$，平均渗透率为 $1.15 \times 10^{-3} \ \mu m^2$。表 1-6 和表 1-7 为详细的储层物性和渗透率非均质性统计数据。

表 1-6　长沙岭下沟组下段顶部储层物性统计表

参数名称		C2 井	C101 井	JC1 井	C3 井
孔隙度/%	最大	12.395	24.04	22.9	15.133
	最小	8.582	2.07	1.61	3.114
	平均	11.024/3[①]	10.57/8	10.3/70	9.372/33
渗透率 /($\times 10^{-3} \ \mu m^2$)	最大	7.224	9.426	9.09	3.824
	最小	7.034	0.496	0.05	0.855
	平均	7.138/3	3.442/5	8.39/55	1.15/25
孔隙类型		粒间溶孔、粒内溶孔	粒间溶孔、粒内溶孔、颗粒溶孔	粒间溶孔、粒内溶孔、颗粒溶孔	粒间溶孔、粒内溶孔、裂缝

注①：/之前数值为平均值，/之后数值为样本数量。

表 1-7　C3 井碎屑岩储层渗透率非均质性参数表

井段/m	变异系数	级差	突进系数	均质系数	评价
4271.03～4271.85	0.56	3.5	1.56	0.64	相对均质性
4654.58～4655.03	0	1	1	1	相对均质性
4671.38～4680.29	3.29	521.5	14.3	0.07	严重非均质性
4823.01～4831.49	1.08	14.75	4.92	0.2	严重非均质性
4845.18～4853.65	1.09	3	4.17	0.24	严重非均质性
4908.03～4913.62	0.87	7.5	2.78	0.36	严重非均质性

（6）由于断块复杂，无法补充能量，因此弹性驱动的压后稳产能力较差。酒东 K_1g_3 油藏油井总体生产特征表现为初期压力、产量较高，但降产较快。

1.4　压裂改造的技术思路

基于储层压裂改造的难点和前期压裂现状，本书提出酒东探区压裂的主要技术思路。

（1）充分认识和估计本区块压裂改造的难度，把压裂施工取得成功放在研究、方案设计的首位。

(2)加强压裂有关的基础实验测试分析，为分析储层伤害机理和采取合理的技术措施提供基础参数。

(3)通过多种方式准确预测地层破裂压力和纵向应力，这是进行压裂工程方案设计和是否采取控缝高措施的基础。

(4)研究分析有效降低地层破裂压力的技术措施，并分析其在酒东探区的适应性。

(5)首选造缝、降滤和携砂性能均表现优异的水基瓜尔胶压裂液体系，但应优化压裂液体系的延迟交联降阻和防水敏等性能。

(6)研究能改善支撑剂纵向效果和保持长期高导流能力的技术措施。

(7)强调压裂施工全过程的质量监控。

第2章 压裂有关的基础实验测试分析

2.1 压裂过程中的储层伤害分析

压裂液在压裂过程中起传递压力和携带支撑剂的作用,但也会给储层带来伤害,严重时可造成油气井减产。

2.1.1 压裂液对压裂裂缝的伤害

(1)未降解的压裂液吸附滞留于裂缝中对裂缝造成伤害。采用瓜尔胶残渣对支撑裂缝导流能力的伤害实验表明,在填砂裂缝支撑剂铺砂浓度为 10 kg/m^2、铺置砂量为 64.2 g 的条件下,过瓜尔胶残液量为 4.0 L,会使支撑裂缝导流能力降低 50%以上。残渣来源于基液和成胶物质中的不溶物,滞留于支撑裂缝中会损害裂缝导流能力。

(2)聚合物降解后对裂缝的伤害。油田常常将压裂液黏度降至 10 mPa·s 以下作为完成破胶的量度。研究表明,聚合物降解为碎片后,虽然黏度明显降低,但这些碎片仍可以聚集起来堵塞裂缝。

(3)压裂液与地层流体的配伍性不好,产生化学反应生成沉淀,堵塞裂缝。

(4)压裂液进入地层引起地层中黏土矿物的膨胀和颗粒运移。

黏土矿物与水基压裂液接触,产生膨胀使流动孔隙减小。松散黏附于孔道壁面的黏土颗粒与压裂液接触时分散、剥落,随压裂液滤入地层,造成桥堵伤害。

2.1.2 压裂液对基岩的伤害

表 2-1 和表 2-2 为酒东探区全岩矿物和黏土矿物分析。酒东探区岩性复杂,砂泥岩混存,黏土矿物含量较高,表现为强水敏特征,压裂液滤失滞留在地层对储层基质岩块的伤害较大,对压裂液的防水敏性能要求高。

表 2-1 全岩矿物分析结果

井号	岩样号	石英/%	钾长石/%	斜长石/%	方解石/%	铁白云石/%	菱铁矿/%
C4	1-47/56	25.07	10.33	17.54	0	38.32	0
C4	4-18/56	36.44	6.77	8.54	1.78	26.70	3.10
C7	2-11/47	40.60	9.06	12.43	1.06	22.47	1.60
C101	3-19/36	43.90	11.45	16.08	3.26	12.35	2.90
C2-2	9-11/50	40.40	11.56	13.40	4.62	11.90	0

表 2-2 黏土矿物分析结果

井号	岩样号	黏土矿物绝对含量/%	高岭石/%	绿泥石/%	伊利石/%	伊蒙混层/%	蒙脱石/%
C4	1-47/56	8.74	23.10	1.40	73.80	1.70	0
C4	4-18/56	16.67	19.89	1.70	67.18	11.23	0
C7	2-11/47	12.78	36.62	2.30	46.76	0	14.32
C101	3-19/36	10.06	28.96	1.81	55.43	0	13.80
C2-2	9-11/50	18.12	30.11	5.22	56.22	0	8.45

2.1.3 压裂液用添加剂对储层压裂效果的影响分析

压裂液破胶剂、黏土稳定剂、表面活性剂和杀菌剂等对压裂液性能的影响是综合性的,其类型不同对压裂液性能的影响不同,对不同类型的压裂液和地层条件的影响也各不相同。根据处理井的实际条件,通过实验优化确定压裂液配方,是提高压裂处理效果的重要途径。

1. 破胶剂对压裂效果的影响

破胶剂的作用是压裂造缝和填砂裂缝形成后,在地层压力温度条件下使高黏压裂液迅速彻底破胶降黏水化,以便破胶水化残液尽快返排。不同的压裂液体系可采用不同的破胶方法,主要有通过改变压裂液体系的 pH 破坏交联环境、高温热力和氧化降解 3 种途径实现破胶。常用的方法是利用破胶剂(主要是酶、氧化剂)的氧化降解(或加速氧化降解)作用,在预定的地层温度下使稠化剂分子链氧化降解断裂,进而破坏聚合物分子与交联剂形成的交联结构而彻底降黏水化并返排出来。

破胶剂效果差,破胶不彻底,将导致压裂液破胶后残渣含量高,造成地层孔隙堵塞,使填砂裂缝渗透率降低,导流能力下降。此外,破胶不彻底造成残液黏度高,返排困难,返排率低,压裂液滞留地层形成水锁和混相流动,增加油气流动阻力。

破胶剂在造缝之前就开始起破胶作用,造成压裂液黏度提前降低,达不到高裂缝黏度的要求。加上井底温度升高和泵送过程中的剪切降解减黏作用的影响,使压裂液的造缝能力大大降低。相反,如果压裂造缝阶段完成之后破胶剂不能及时发挥破胶作用,则部分破胶剂经由滤饼与滤液一起滤失到储层中去,大大减弱了它对滤饼的破胶水化作用,从而增加了滤饼在缝壁面上的存留时间,影响了流体从储层顺利地进入裂缝;由于在闭合后,填砂裂缝中的残渣浓度大大超过地面注入时的浓度,因而大大降低了填砂裂缝的导流能力。

破胶剂的作用温度范围通常是选择破胶剂的首要条件,也是影响破胶剂作用时间的重要因素。对氧化剂类破胶剂而言,温度愈高,愈有利于破胶。例如,常用的过硫酸铵的作用温度为 53.7 ℃,低于该温度时过硫酸铵热分解缓慢,在 37 ℃下 24 h 也不能使冻胶破胶。

一般而言,破胶剂使用的浓度越高,破胶越彻底,破胶时间越短,对地层损害越小。但同时也会造成压裂液黏度提前降低,影响压裂液的造缝能力。如果不采取任何措施,过度地增加破胶剂浓度，必然会引起压裂液黏度大幅降低，甚至提前脱砂，导致施工失败。

2. 黏土稳定剂对压裂效果的影响

在含有黏土矿物的地层进行水力压裂时，压裂液使地层岩石结构表面性质发生变化，水相与黏土矿物接触，或地层水相与压裂液水相的化学电位差，引起黏土矿物各种形式的水化、膨胀、分散和运移，降低储集层的渗透率，甚至堵塞孔隙喉道，对压裂处理效果产生极大的影响。因此，在压裂含黏土矿物的地层时，压裂液中必须加入黏土稳定剂，增强压裂液对黏土的抑制性。黏土矿物中黏土成分不同，产生伤害的机理也不同。一般黏土中的蒙脱石和伊蒙混层黏土主要引起水化膨胀乃至分散，即通常所说的水敏矿物。蒙脱石水化膨胀体积可达原始体积的几倍甚至 10 倍以上，造成孔隙喉道被封堵，渗透率大幅下降。高岭石在砂岩孔隙中常以填充物的形式存在，并且与砂粒之间的作用力较弱，因此它被认为是储层中产生微粒运移的基础物质，即通常所说的速敏矿物。针对不同的黏土矿物选择不同类型的黏土稳定剂，其作用效果、作用机理及影响是不同的。

根据黏土的渗透水化理论(两相水分子移动)，在压裂液中加入适量的无机盐类黏土稳定剂，提高压裂液的矿化度，有一定的抑制黏土水化膨胀的能力。但效果不理想，主要原因是无机盐类稳定剂遇淡水后减效，有效期短。

阳离子活性剂在水中可以解离出表面活性阳离子，这些阳离子在黏土表面吸附，中和电性，抑制黏土的水化膨胀，对黏土的稳定有良好的持久性。但必须注意的是，阳离子活性剂存在导致储层润湿反转的问题，虽然润湿反转不影响岩石的绝对渗透率，但由于润湿性是控制油藏流体在孔隙介质中的位置、流动和分布的一个主要因素，因此它对油(气)、水两相的相对(或有效)渗透率有直接影响。当强水湿地层转变为强油湿时，有效渗透率可能下降到 40%。

非离子、阴离子、阳离子有机聚合物都对黏土有稳定作用，但在压裂液中使用最多、效果最好的是阳离子聚合物，如聚季铵盐、聚季磷酸盐、聚季硫酸盐。由于阳离子聚合物在黏土表面吸附作用非常强且不可逆，具有长效性，不存在润湿反转问题，因而是压裂液中较为广泛采用的黏土稳定剂类型。

3. 杀菌剂对压裂效果的影响

在油田水和压裂液中含有大量的腐生菌、硫酸还原菌、植物胶降解菌，它们在压裂液适宜的温度和水分中，繁殖速度惊人。细菌的大量繁殖形成的菌体黏液和腐蚀产物，一是引起地层损害，二是使植物胶产生生物降解破坏压裂液性能。杀菌剂对压裂效果的影响，主要反映在杀菌防腐能力上，具体体现在对压裂液性能的稳定能力和对地层伤害的影响方面。其作用效果除与杀菌剂性能有关，还与压裂液的类型、温度和水质等因素有关。

4. 表面活性剂对压裂效果的影响

少量加入表面活性剂便能大大降低溶液的表面张力或界面张力，改变体系界面状态，使表面呈活化状态，从而产生润湿或反润湿。

2.2   储层敏感性实验评价

由于钻取的 C3、C4、C101 和 C7 井的岩心非常致密，实验室采用液体介质不能驱过岩心，本节用 C2-2 井岩心进行了敏感性实验评价。

评价 C2-2 井的两个岩样的水敏性，均表现为中等偏强的水敏。

评价 C2-2 井的 4 个岩样的酸敏性，其中 1 个样品为无酸敏，1 个样品为极强酸敏，另外 2 个样品分别表现为中等偏强酸敏和强酸敏。

评价 C2-2 井的两个岩样的碱敏性，评价结果为无碱敏、弱碱敏。

2.3   储层岩石力学实验评价

表 2-3 为岩石三轴实验的测试条件和测试结果。图 2-1～图 2-6 所示为表 2-3 中 4 口井的岩石三轴实验测得的应力-应变曲线。

表 2-3   岩石三轴实验的测试条件和测试结果

井号	编号	围压/MPa	温度/℃	抗压强度/MPa	弹性模量/MPa	泊松比
C7	2-11/47	23.0	90.0	143.3	16394.8	0.204
C101	2-49/72	24.0	90.0	253.7	20022.0	0.306
	3-19/36	24.0	90.0	117.3	11975.3	0.253
C3	3-1	35.2	109.0	259.9	21686.9	0.226
	3-2	35.2	109.0	216.9	18214.9	0.296
C4	1-49/56	28.0	90.0	147.1	18455.4	0.132
	4-18/56	28.0	90.0	321.5	31830.5	0.185

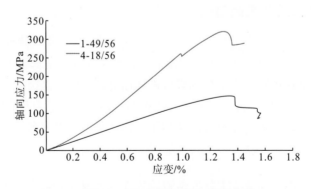

图 2-1   C4 井岩石应力-应变曲线

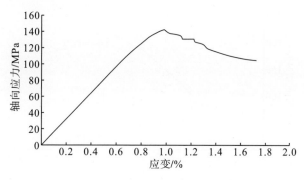

图 2-2　C7 井岩石应力-应变曲线

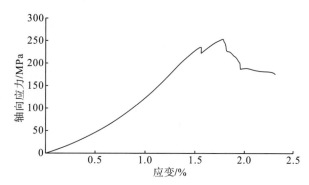

图 2-3　C101 井岩石应力-应变曲线(2-49/72)

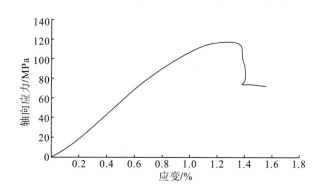

图 2-4　C101 井岩石应力-应变曲线(3-19/36)

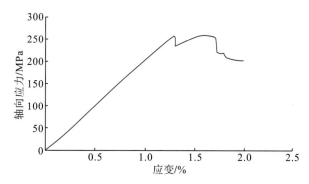

图 2-5　C3 井岩石应力-应变曲线(3-1)

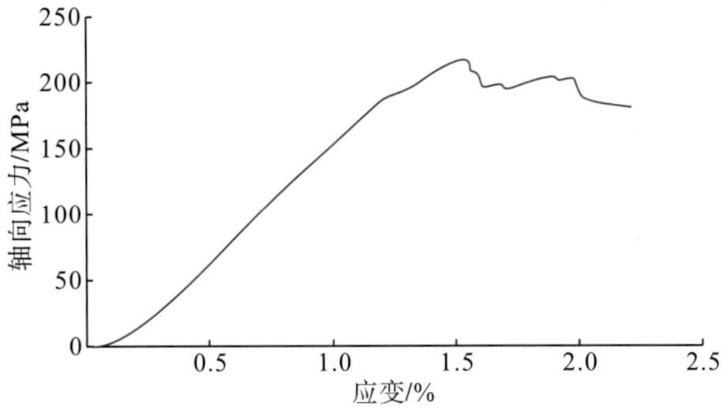

图 2-6　C3 井岩石应力-应变曲线(3-2)

岩石力学测试表明，储层岩石的弹性模量为 11975.3～31830.5 MPa，差异大，表明储层岩石的非均质性强。部分岩石的弹性模量高达 30000 MPa 以上，且岩石抗压强度大于 250 MPa，表明岩石非常致密，压裂裂缝延伸和扩张困难，裂缝宽度窄，施工难度大。泊松比为 0.132～0.306，C3 和 C101 井岩石应力-应变曲线显示存在明显的塑性特征，可引起支撑剂嵌入而降低有效裂缝宽度。

2.4　支撑剂导流能力测试评价

酒东储层表现为异常高压，计算 K_1g_3 储层作用在支撑剂上的压力约为 50～60 MPa，理论上讲采用强度高、破碎率低的宜兴中密度高强度陶粒基本能够满足压裂的需要，但后期开采地层压力下降后作用在支撑剂上的压力增大，可导致支撑剂的破碎率增大，降低裂缝长期导流能力。

表 2-4 为标准强度和 5 种中高强度陶粒的检测报告。图 2-7～图 2-9 所示分别为 20/40 目宜兴高强度陶粒、30/50 目 CARBO 陶粒和 20/40 目 CARBO 陶粒的导流能力测试曲线。

表 2-4　标准强度和 5 种中高强度陶粒检测报告数据表

项目	标准	CARBO HSP	CARBO PROP	CARBO LITE	宜兴中强	宜兴高强
粒径范围/mm	—	20～40	20～40	20～40	20～40	20～40
视密度/($g·cm^{-3}$)	—	3.56	3.27	2.71	2.727	3.22
体积密度/($g·cm^{-3}$)	—	2.00	1.88	1.62	1.71	1.73
圆度	>0.8	0.90	0.90	0.90	0.89	0.90
球度	<0.8	0.90	0.90	0.90	0.93	0.90
浊度/($mg·L^{-1}$)	<100	—	—	—	36.70	22.60
酸溶解度/%	<5-7	3.50	4.50	1.70	7.40	7.18
筛析率/%	>90	94.00	94.00	93.00	95.98	94.58
52MPa 下破碎率/%	<10	0.30	1.40	4.30	9.224	1.65
69MPa 下破碎率/%	<10	1.60	4.70	8.30	16.30	4.78
86MPa 下破碎率/%	<10	3.30	8.60	—	21.51	—

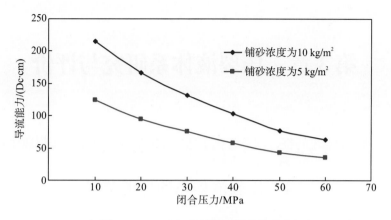

图 2-7　20/40 目宜兴高强度陶粒导流能力

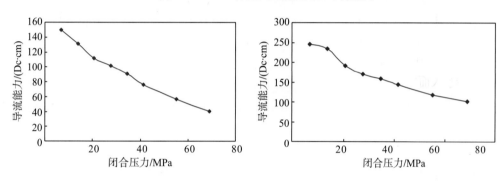

图 2-8　30/50 目 CARBO 陶粒导流能力　　　　　　图 2-9　20/40 目 CARBO 陶粒导流能力
　　　（铺砂浓度为 10 kg/m²）　　　　　　　　　　　　（铺砂浓度为 10 kg/m²）

　　测试表明，性能优越、强度高的 CARBO 陶粒的导流能力更强。

第3章 压裂液体系研究与评价

根据酒东储层的温度特征,本章优化了适应120℃和140℃的压裂液体系。

3.1 压裂液体系的性能要求

由于压裂目标区块的断层发育、单层厚度薄、储层物性差异大、地层温度高、构造应力复杂,导致该井的施工难度大,因此首选性能优良的瓜尔胶压裂液体系。

瓜尔胶压裂液性能要求如下:

(1)液体造缝性能良好,基液黏度在170 s^{-1} 条件下应达到70 mPa·s。

(2)储层温度为120~140℃,应采用中高温、抗剪切压裂液体系。

(3)压裂液延迟交联时间应大于180 s,有效降低井筒摩阻,当泵注排量为3~4 m³/min时,88.9 mm管柱压裂液摩阻为相同条件下清水摩阻的40%~50%。

(4)储层水敏性黏土矿物含量高,要求压裂液长效防膨率大于75%。

(5)储层低孔、低渗,要求压裂液体系易返排,破胶液表面张力小于28 mN/m。

(6)压裂液体系伤害低,在闭合压力下,压裂液残渣对裂缝导流能力的伤害小于30%。

3.2 压裂液体系的优选评价

3.2.1 瓜尔胶优选与性能实验评价

瓜尔胶主链上以(1-4)-β-D—甘露糖为单元连接而成,侧链上由单个 a-D—半乳糖组成,以(1-6)键与主链相接,从整个分子来看,半乳糖在主链上呈无规律分布,但以两个或三个一组居多。这种基本呈线形而具有分支的结构决定了瓜尔胶的特性与无分支、不溶于水的葡甘露聚糖有明显的不同。

因来源不同,瓜尔胶的分子量及单糖比例不同于其他的半乳甘露聚糖。其分子量为100万~200万,甘露糖与半乳糖之比为1.5~2.1。

试验测试对比了昆山产瓜尔胶和四川南充产瓜尔胶的外观、细度(C_1 和 C_2)、含水率、表观黏度、水不溶物含量和pH 6种理化指标(表3-1)。

表3-1 江苏昆山产瓜尔胶、四川南充产瓜尔胶性能指标评价结果

名称/项目	江苏昆山产瓜尔胶	四川南充产瓜尔胶	瓜尔胶标准(一级品)
外观	淡黄色粉末	浅黄色粉末	淡黄色粉末
细度 C_1 (SSW0.125/0.09) /%	≥99	≥99	≥99

续表

名称/项目	江苏昆山产瓜尔胶	四川南充产瓜尔胶	瓜尔胶标准(一级品)
细度 C_2(SSW0.071/0.05)/%	≥92	≥93	≥90
含水率/%	≤7	≤7.4	≤10
表观黏度(30 ℃，170 s^{-1})/(mPa·s)	≥108	≥97	≥85
水不溶物含量/%	≤6	≤5	≤8
pH	7.5	7.2	7.0~7.5
评价结论	一级品	一级品	—

实验结果显示，两种瓜尔胶均达到石油行业一级标准。从表 3-1 可以看出，江苏昆山产瓜尔胶与四川南充产瓜尔胶相比，在 0.6% 浓度下两种瓜尔胶都具有较好的增稠能力，也都具有较好的成胶性能。但江苏昆山产瓜尔胶破胶后的水不溶物含量比四川南充产瓜尔胶略高。

3.2.2 压裂液添加剂优选与实验评价

1. 高效防膨剂优选

图 3-1 所示为 3 种防膨剂组合的黏土防膨率曲线。施工中压裂液以小分子水溶性滤液进入孔隙，对储集层黏土矿物的伤害通常是水敏性与碱敏性叠加作用的结果。使用水基压裂液将会引起黏土沉积、颗粒膨胀或迁移。黏土稳定剂是指抑制黏土膨胀或黏土微粒运移的化学剂。常用的黏土稳定剂有无机盐类黏土稳定剂、阳离子活性剂类黏土稳定剂、有机聚合物类黏土稳定剂等。

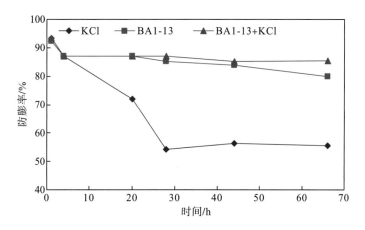

图 3-1 3 种防膨剂组合的黏土防膨率曲线

通过以上实验数据可以看出，KCl 和聚合物的初始防膨率都较高，但经过 66 h 后，KCl 的防膨率仅为 55.5%，而 BA1-13 与 KCl 复合防膨剂的防膨率仍保持在 85.5%。

2. 延迟交联实验评价

试验中选用延迟交联剂 BA1-21，它是由两部分组成的：一部分是主交联剂，另一部分是交联剂催化剂。通过调节主交联剂与交联剂催化剂的使用配比来达到控制延迟交联时间的目的。

从表 3-2 可以看出，此交联剂的延迟交联时间为 2～10 min，完全能满足深井压裂施工降泵压的性能要求。

表 3-2　BA1-21 交联剂延迟交联性评价

主交联剂 A 与催化剂 B 的配比(体积)	延迟交联时间/min
95：5	2～4
90：10	4～6
85：15	6～10

3. 助排剂的性能评价

助排剂的作用原理是降低油水界面张力，增大与岩石的接触角，有利于降低毛细管阻力，有利于压裂液返排。选择助排剂应同时考虑：①与储层相适应，减少表面活性剂在砂岩表面的吸附；②助排剂应最大限度地降低液体间的界面张力和表面张力，降低压裂液返排的阻力。

从表 3-3 可以看出，试验测试的助排剂 BA1-5，相对于其他助排剂来说具有更好的降低表面张力的能力。

表 3-3　表面张力对比

助排剂	加入量/%	表面张力/(mN·m^{-1})
CF-4	1.0	29.6
SD2-9	1.0	30.3
CT5-4	1.0	28.4
BA1-5	1.0	27.5

4. 温度稳定剂评价

试验选择的温度稳定剂是 BA1-26。BA1-26 为无色或淡黄色液体，密度为 1.03～1.16 g/cm^3，pH 为 9.0～11.0。将制备好的压裂液冻胶试样装入高温高压同轴圆筒旋转黏度计样品杯，对样品加热，控制升温速度为 3±0.2 ℃/min，从 30 ℃开始试验，同时转子以 170 s^{-1} 剪切速率转动，压裂液在加热条件下受到连续剪切，以表观黏度降为 50 mPa·s 时对应的温度表征为试样的耐温能力。以交联冻胶加入温度稳定剂前后的耐温能力差表征试样的耐温能力增加值。耐温能力增加值按式(3-1)计算：

$$T = T_1 - T_2 \tag{3-1}$$

式中，T 为温度增加值，℃；T_1 为未加温度稳定剂时的测量温度，℃；T_2 为加入温度稳定剂时的测量温度，℃。

图 3-2 所示为温度增加值随温度稳定剂加量的变化曲线。实验结果表明，温度稳定剂 BA1-26 能提高体系耐温性能，随着温度稳定剂加量的增大，体系的耐温能力增加值逐渐增大。

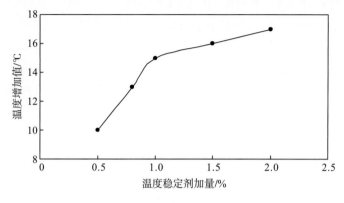

图 3-2 温度稳定剂评价曲线

5. 破胶剂性能评价

实验用破胶剂为过硫酸铵，通过大量的破胶实验优选破胶剂加量，评价其对压裂液黏度的时效性的影响，结果如表 3-4 所示。

表 3-4 破胶剂性能评价

温度/℃	破胶剂加量/($\times 10^{-6}$)	剪切时间/min	表观黏度/(mPa·s)
		0	660
		30	439
		45	162
90	80	60	105
		90	62
		120	40
		180	4

6. pH 调节剂选择

pH 调节剂可以调节压裂液的 pH，实现稠化剂完全分散、快速溶解，提高基液黏度和创造良好的交联环境。水的 pH 直接影响稠化剂的水合速度，配制胶液通常在高 pH 下分散，低 pH 下迅速水合。水的 pH 过低，水合速度非常快，稠化剂未被完全分散开，易形成"鱼眼"，水的 pH 太高，稠化剂水合速度非常慢，因此选用合适的 pH 是很重要的。不同的交联剂也需要不同 pH 的交联环境。配方中选用 Na_2CO_3、$NaHCO_3$ 和 NaOH 作为 pH 调节剂。试验使用的 pH 调节剂是 Na_2CO_3。

3.2.3　压裂液体系配方优化实验

1. 基液黏度实验测试

试验测试 0.35%、0.45%、0.54%、0.56% 4 种 HPG 加量下配方基液的黏度。

基液配方如下：HPG+2%KCl+1%BA1-13+1%BA1-5+0.5%BA1-26+0.15%Na$_2$CO$_3$+0.1%BA2-3。

通过基液性能测试（表 3-5），四川南充产、江苏昆山产两种瓜尔胶样品均能达到黏度要求。调整出压裂液优化配方：（0.54%～0.56%）HPG+1.0%BA1-13+1.0%BA1-5+0.5%BA1-26+0.15%Na$_2$CO$_3$+0.1%BA2-3。

表 3-5　瓜尔胶基液性能测试

HPG 加量/%	剪切速率 (170 s^{-1}) / (r·min^{-1})	黏度/(mPa·s)
0.35	100	24
0.45	100	42
0.54	100	68
0.56	100	81

当瓜尔胶加入浓度达到 0.56% 时，压裂液冻胶初始黏度均在 1000 mPa·s 左右。升温至 120 ℃后，瓜尔胶体系冻胶的黏度保持在 350 mPa·s，说明此时的配方体系已经具有很好的温度稳定性和剪切稳定性。

大型压裂施工要求工作液具有良好的抗剪切性能。对两套瓜尔胶体系进行长时间剪切实验，每组实验温度为 120 ℃，剪切时间为 180 min。

压裂液体系在 120 ℃、170 s^{-1} 剪切速率条件下的黏度变化情况为：虽然黏度变化有波动，但剪切 180 min 后体系的黏度依然能够达到 250 mPa·s 以上，能满足长时间压裂要求。

2. 压裂液破胶性能评价

将体积为 50 mL 的压裂液装入密闭容器内，放入电热恒温器中加热恒温，恒温温度为油层温度。使压裂液在恒温下破胶，取出上层清液测定黏度。用六速旋转黏度计测定破胶剂黏度，测定温度为 30 ℃。对瓜尔胶按照 100∶0.5 的体积比使其与交联剂 BA1-21 进行交联反应，等到稠化液形成冻胶后加入破胶剂使其破胶，完全破胶后测定破胶液黏度。

破胶后的破胶液黏度为 3.5～4 mPa·s（小于 10 mPa·s），能满足压裂液返排要求。

将体积为 50 mL 的压裂液交联后，加入破胶剂，制备破胶液。提取上层清液测定破胶液表面张力，使压裂液在恒温温度下破胶，取出上层清液测定黏度（表 3-6）。

表 3-6　破胶液表面张力测试

试样	1 号破胶液	2 号破胶液	蒸馏水
表面张力/(mN·m^{-1})	26.4	26.2	73.1

环测试法，Pt 环外径：2.0231 cm；内径：1.9031 cm

量取黏度为 3～4 mPa·s 的破胶液 500 mL（瓜尔胶浓度为 0.56%），用 4 个空管（总质量为 26.1215g）取出 40 mL 放在离心机里在 3000 r/min 转速下离心 30 min，蒸馏水洗涤后离心分离，洗涤 4 遍取出放入 105 ℃的烘箱中加热烘干。测得固相残渣含量（表 3-7）。

表 3-7　固相残渣含量

取样/mL	空管总质量/g	烘干后总质量/g	残渣含量/(mg·L^{-1})	残渣率/%
40	26.1215	26.0245	287	5.1

3. 配方防膨性能评价

用线膨胀仪测试了清水、煤油、2% KCl 水溶液、压裂液（破胶液）的膨胀值，可用公式（清水膨胀值－工作液膨胀值）/（清水膨胀值－煤田膨胀值）×100%计算得工作液的防膨率（表 3-8 和图 3-3）。

表 3-8　黏土稳定剂性能比较表

时间/h	清水 膨胀值/cm	煤油 膨胀值/cm	2%KCl 水溶液 膨胀值/cm	防膨率/%	压裂液（破胶液） 膨胀值/cm	防膨率/%
0	0	0	0		0	
0.5	0.04	0.04	0.03	93.02	0.02	95.35
1	0.05	0.05	0.05	88.37	0.02	95.35
1.5	0.06	0.06	0.05	88.37	0.03	93.02
2	0.07	0.07	0.06	86.05	0.03	93.02
2.5	0.08	0.08	0.07	83.72	0.04	90.70
3	0.10	0.10	0.09	79.07	0.04	90.70
4	0.12	0.12	0.11	74.42	0.05	88.37
5	0.14	0.14	0.11	74.42	0.05	88.37
6	0.16	0.16	0.12	72.09	0.05	88.37
7	0.18	0.18	0.12	72.09	0.05	88.37
8	0.21	0.21	0.13	69.77	0.05	88.37
9	0.22	0.22	0.14	67.44	0.05	88.37
10	0.24	0.24	0.15	65.12	0.05	88.37
11	0.26	0.26	0.15	65.12	0.06	86.05
12	0.28	0.28	0.16	62.79	0.06	86.05
18	0.30	0.30	0.16	62.79	0.06	86.05
19	0.32	0.32	0.17	60.47	0.06	86.05
20	0.34	0.34	0.17	60.47	0.06	86.05
21	0.36	0.36	0.18	58.14	0.06	86.05
22	0.38	0.38	0.18	58.14	0.06	86.05
23	0.40	0.40	0.18	58.14	0.06	86.05
24	0.43	0.43	0.18	58.14	0.06	86.05

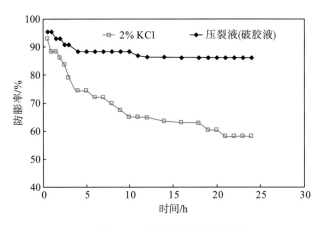

图 3-3　黏土稳定剂性能比较

通过以上实验数据可以看出，压裂液表现出很高的防膨率，2% KCl 初始防膨率都低，经过 24 h 后 2% KCl 的防膨率仅为 50%~60%，而压裂液的防膨率高达 86%，能有效防止黏土膨胀运移，减小压裂液对地层的伤害。

3.2.4　压裂液伤害实验

1. 岩心基质伤害实验

对压裂液（破胶液）进行岩心伤害实验，评价方法参考《水基压裂液性能评价方法》（SY/T 5107—1995）。实验结果表明，滤液平均伤害率为 35.8%（表 3-9）。

表 3-9　压裂液（破胶液）岩心伤害实验

井号	井段 /m	原始渗透率/ ($\times 10^{-3}\ \mu m^2$)	污染后渗透率/ ($\times 10^{-3}\ \mu m^2$)	伤害率 /%	试验条件				
					ΔP/MPa	剪切速率/s^{-1}	时间/h	温度/℃	滤液/mL
C2-2	3961.53~ 3961.60	2.35	1.46	37.9	10	145	2	120	6.0
		1.62	1.08	33.7	10	145	2	120	6.0

2. 支撑裂缝伤害实验

模拟地层条件，利用多功能导流实验仪对支撑裂缝的导流能力进行压裂液伤害测试。实验仪采用 API 标准导流室，选用中密度、高强度的 20~40 目陶粒，铺砂浓度为 10 kg/m²。先用清水测得不同压力下的裂缝导流能力，然后在 6.9 MPa 下通过破胶液 2000 mL，最后用清水测得不同闭合压力下裂缝伤害后的导流能力。

实验结果如图 3-4 所示，当在闭合压力为 54 MPa、铺砂浓度为 10 kg/m² 时，该压裂液残渣对支撑裂缝的伤害率为 25% 左右，伤害较低。从导流槽中取出钢片后观察到，支撑剂有一定程度的黏结现象，如图 3-5 所示。

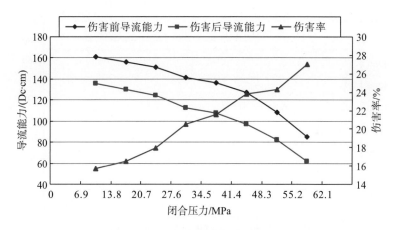

图 3-4 填砂裂缝导流能力伤害实验

图 3-5 破胶液伤害后的支撑裂缝图

上述压裂液体系是在 C102 井和 C7 井成功应用的液体体系。

3.3 高温压裂液体系的应用完善

针对 C3 井压裂层段温度进一步提高，优化调整出适应 140 ℃储层的压裂液配方：0.55%HPG+1.0%BA1-13+1.0%BA1-5+0.5%BA1-26+0.1%BA2-3。

最佳交联比如下：$V_{基液}:V_{交联剂}=100:0.50$。

使用 HAKK RS-6000 型高温流变仪测试在 140℃时，不同交联比例的高温压裂液的流变曲线，结果如图 3-6～图 3-8 所示。

由图 3-6～图 3-8 可知，当交联比（体积比）为 0.50%时，剪切 60 min 后黏度为 280.30 mPa·s，至 120 min 时黏度保持在 165 mPa·s，携砂性能良好；当交联比为 0.55%时，压裂液体系在 140 ℃、170 s^{-1} 剪切速率条件下连续剪切 120 min 后，其黏度仍高达 190 mPa·s；当交联比为 0.60%时，压裂液体系在 140 ℃、170 s^{-1} 剪切速率条件下连续剪切 120 min，其黏度为 185 mPa·s。由实验确定出 140 ℃时最佳交联比为 0.50%左右，此时压裂液表现出良好的抗温、抗剪切性能。

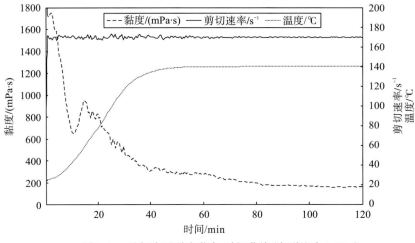

图 3-6　　瓜尔胶压裂液黏度-时间曲线(交联比为 0.50%)

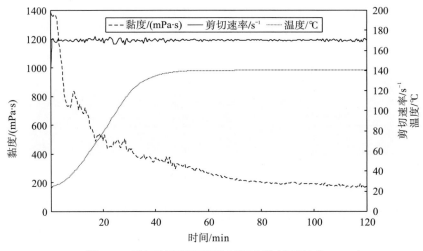

图 3-7　　瓜尔胶压裂液黏度-时间曲线(交联比为 0.55%)

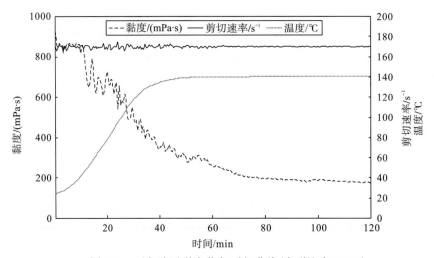

图 3-8　　瓜尔胶压裂液黏度-时间曲线(交联比为 0.60%)

3.4　加重压裂液体系优化

深层高温储层的埋深很大,具有地层压力系数高、闭合应力梯度大的特点。在对其进行改造时施工压力通常很高,甚至超过现有设备的施工限压。对于这类储层,利用常规压裂管柱和调整工作排量来降低施工压力效果已经十分有限,而减小压裂液的摩阻和增大压裂液的静液柱压力是两个较为有效的途径。使用具有优良减阻性能的压裂液体系及具有延迟交联能力的交联剂都可以减小压裂液的摩阻。这是目前使用最普遍的方法,取得了良好的效果。但在处理超深层、致密、高压储层时,施工压力仍然会很高,需通过加重压裂液来进一步降低施工压力。

压裂液静液柱压力与压裂液密度成正比,压裂液的密度每提高 0.1 g/cm³,井筒中压裂液的静液柱压力每千米即可提高近 1 MPa,井口压力也将相应减小 1 MPa。

3.4.1　加重材料优选

据国外报道,在压裂施工过程中,压裂液中加入无机盐加重剂,形成最高密度可达 1.50 g/cm³ 的加重压裂液。Bartko 等[1]针对 Saudi Arabia 的致密砂岩地层进行了实验研究。该地层的破裂压力梯度高达 0.0249 MPa/m,温度高达 190 ℃,他们成功研发了密度为 1.47 g/cm³ 的加重压裂液体系,使用该体系后,压裂所需设备的能力由 138 MPa 降为 103 MPa,整个施工过程,施工曲线光滑,但该体系存在摩阻高、储层伤害大的问题。

国内相继报道了若干提高压裂液密度的方法[2],这些方法均能有效降低井口施工压力,如采用无机溴盐(溴化钠、溴化钾)进行加重,最高密度可达 1.5 g/cm³。也有采用无机溴化物和氯化物进行复合加重的方法,如专利 CN200610090681.0 和 CN200510105813.8 公布的加重压裂液配方。但对于单一 KCl 加重,其加重的压裂液最大密度为 1.15 g/cm³,提供的静液柱压力有限。

目前增加压裂液密度的方法主要是,在压裂液中加入密度较大且溶解能力较高的盐类。常用的盐主要有 NaCl、KCl、NaBr、NaNO₃ 和 KBr(表 3-10)。

表 3-10　常用加重盐类的密度与溶解度

性能指标	NaCl	KCl	NaBr	KBr	NaNO₃
密度/(g·cm⁻³)	2.16	1.99	3.21	2.75	2.26
溶解度(20 ℃)/g	35.9	34.2	90.8	65.3	87.0

从表 3-10 可以看出,NaBr 的密度和溶解度均为 4 种盐中最高的,加重效果最为明显,国外大多采用 NaBr 作为压裂液的加重材料。NaBr 加重存在的主要问题如下:①成本高,与普通压裂液相比,因加重导致成本增加 2000~4500 元/m³。压裂一口井,按中等压裂规模,需要压裂液 500 m³,则加重后每口井成本增加(100~225)万元;②对瓜尔胶体系,溴

化物加重剂会使交联时间延长，降低体系流态指数 n，同时增大稠度系数 K，导致流动摩阻上升；③Br^- 具有还原性，在地层高温高压下快速消耗破胶剂，使压裂液破胶困难、破胶不彻底，导致地层伤害增大。

出于成本、加重性能等因素的考虑，加重实验主要采用 $NaNO_3$ 作为加重材料，并与 NaBr 加重剂进行对比。

3.4.2　加重压裂液性能优化实验

1. 压裂液基液配方

经过实验优化压裂液基液配方为：（30%～46.5%）$NaNO_3$+0.52%HPG+0.5%BA1-5+0.1%Na_2CO_3+0.15%BA2-3+0.5%BA1-26+0.5%BA1-13。

2. 盐含量对基液密度的影响

表 3-11 和表 3-12 为 $NaNO_3$、NaBr 含量对压裂液密度的影响，图 3-9 所示为 $NaNO_3$、NaBr 加重密度曲线。通过实验发现，随着压裂液中盐含量的增大，压裂液体系的密度几乎呈线性增大。在盐加量小于 30% 时，NaBr 提升压裂液密度的幅度仅略大于同等加量的 $NaNO_3$。每吨 NaBr 的市场价格在万元以上，当所要求的压裂液密度不大于 1.35 g/cm³ 时，使用 $NaNO_3$ 代替 NaBr 作为压裂液的加重材料，不仅可以达到性能上的要求，还能节约大量的成本。

表 3-11　$NaNO_3$ 含量对压裂液密度的影响

$NaNO_3$ 含量/%	0	20	30	45
密度/(g·cm⁻³)	1.0146	1.1570	1.2217	1.3450

表 3-12　NaBr 含量对压裂液密度的影响

NaBr 含量/%	0	20	30	45
密度/(g·cm⁻³)	1.0146	1.1680	1.3322	1.4132

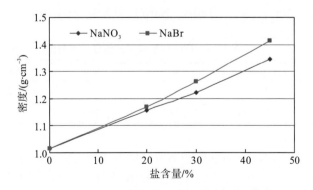

图 3-9　$NaNO_3$、NaBr 加重密度曲线

3. 盐含量对基液黏度的影响

样品配制：按比例称取所需瓜尔胶配制为水溶液，待其充分溶胀后，加入盐水，混合均匀后，加入其他助剂。测定溶液黏度，判断是否影响瓜尔胶基液黏度。

由表 3-13 可以看出，加入 NaNO$_3$ 后，压裂液基液黏度并未出现变化，在 NaNO$_3$ 含量接近饱和溶解度(饱和浓度为 46.5%)时，压裂液的黏度也没有发生变化。

表 3-13　NaNO$_3$ 含量对压裂液基液黏度的影响　　　　(单位：mPa·s)

时间/h	NaNO$_3$ 含量				
	0	20%	25%	30%	45%
0.5	74.5	75.0	75.5	76.0	76.0
1.0	75.5	74.5	75.5	76.5	76.5
1.5	77.0	75.5	76.0	76.5	76.5
2.0	76.0	76.0	76.0	77.0	77.0

由表 3-14 可以看出，加入 NaBr 后(2.0h)，低浓度时压裂液黏度有小幅度下降，在 NaBr 含量为 20%时黏度降至最低，随后随 NaBr 含量上升黏度略有升高。

表 3-14　NaBr 含量对压裂液黏度的影响　　　　(单位：mPa·s)

时间/h	NaBr 含量					
	0	10%	20%	30%	35%	40%
0.5h	74.5	72.0	77.0	72.5	74.0	75.5
1.0h	75.5	73.0	79.0	73.0	74.0	75.5
1.5h	76.0	73.5	79.0	74.5	74.5	76.0
2.0h	76.0	74.0	70.0	75.0	75.0	76.0
时间/h	NaBr 含量					
	45%	50%	55%	60%	65%	70%
0.5	76.0	77.0	78.5	80.0	81.5	83.5
1.0	76.5	77.0	79.0	81.5	82.0	83.5
1.5	76.5	78.0	76.0	81.5	82.0	84.0
2.0	77.0	79.0	78.0	82.0	83.0	84.0(有少量盐析出)

综上所述，评价实验表明 NaNO$_3$、NaBr 加重材料不会对压裂液基液的黏度产生较大影响。

3.4.3　加重压裂液摩阻分析

L12 井压裂层段为 4278.5～4306.8 m，射孔段厚度为 20.2 m/4 层，该井采用加重压裂液结合浅下压裂管柱技术进行施工，管柱结构为 3$\frac{1}{2}$″ 油管×(0～3182.7 m)+2$\frac{7}{8}$″ 油管×

（3182.7～3253.2 m），管柱管脚到目标层位之间为 $5\frac{1}{2}''$ 套管×（3253.2～4278.5 m）。根据瞬时停泵的压降估算 L12 井在排量为 2.0 m³/min 时的摩阻约 10 MPa。据此可进一步估算该井所用加重压裂液在 $3\frac{1}{2}''$ 油管中以 2.0 m³/min 排量流动时的千米摩阻为 2.81 MPa。

适应于酒东 K_1g_3 储层的高温延迟交联压裂液体系在实际运用时的摩阻情况如表 3-15 所示。对比加重井次和不加重井次的摩阻数据可以看出，同排量下，加重压裂液体系的摩阻略高于非加重压裂液，但总体相差不大。

表 3-15　加重压裂液与非加重压裂液的摩阻对比

井号	层段/m	压裂液类型	排量/(m³·min⁻¹)	瞬时停泵压降/MPa	折算 $3\frac{1}{2}''$ 油管千米摩阻/MPa
L12	4278.5～4306.8	加重	2.0	10.0	2.81
C13	4422.8～4435.3	非加重	1.5	10.5	2.25
C102	3630.0～3640.4	非加重	2.0	9.3	2.44
C3-6	4278.0～4286.6	非加重	1.8	8.4	2.00

3.4.4　加重压裂液适应性分析

加重压裂液体系在青西地区 L12 井和 YX111H 井进行了两井次的应用，其施工曲线分别如图 3-10 和图 3-11 所示。

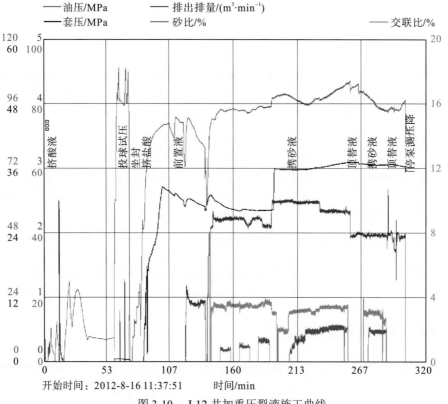

开始时间：2012-8-16 11:37:51　　　时间/min

图 3-10　L12 井加重压裂液施工曲线

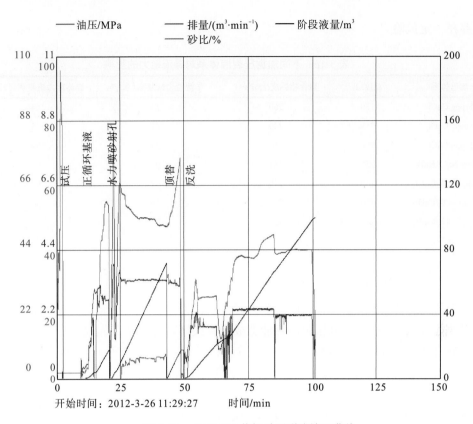

图 3-11　YX111H 井加重压裂液施工曲线

从两口井的施工情况来看，应用加重压裂液技术基本达到了压开地层、降低井口施工压力的目的。但总体上施工压力偏高的问题依然存在。以 L12 井为例，在注前置液阶段井口压力为 80.1～99.6 MPa；加砂阶段井口压力为 93.5～104.4 MPa；顶替液阶段的井口压力高达为 93.9～97.3 MPa。瞬时停泵压力为 86.52 MPa，10 min 后压力降至 80.45 MPa，反映出措施层位的高地应力及较大的施工难度和风险。另外，加砂阶段在低砂比情况下油压即出现迅速上升的趋势，分析其原因，可能是现场配置加重压裂液困难，瓜尔胶加量未达配方要求从而导致液体携砂性能严重变差，也可能是该井的地层条件复杂导致加砂异常困难。最终，L12 井压裂仅实现加砂 12.4 m³，最高砂比仅为 11.2%，平均砂比为 6.7%。

3.4.5　加重压裂液技术的若干问题

通过对国内外有关加重压裂液应用的文献进行调研，发现加重压裂液在应用中尚存在 3 个方面的问题[3]。这些问题若能得到很好的解决，将有助于加重压裂液体系在深层高温储层中的推广应用。

1. 导流能力伤害

国外研究了不同加重压裂液体系对导流能力的影响[4]（表 3-16）。可以看出，对于不同的加重压裂液测试方案，液体的导流能力恢复情况并不稳定，因此，使用加重压裂液进行施工存在一定风险。

表 3-16　不同加重压裂液体系对导流能力的影响

加重体系	温度/℉	聚合物黏度/(mPa·s)	导流能力恢复率(水)/%	导流能力恢复率(气)/%
11ppg $CaCl_2$	150	260	16	54
11ppg $CaCl_2$	250	240	81	95
11ppg $CaCl_2$	200	260	93	94
12ppg NaCl/NaBr	250	281	91	93
12ppg $CaCl_2$/$CaBr_2$	150	270	92	93
13ppg $CaCl_2$/$CaBr_2$	150	251	56	94
13ppg $CaCl_2$/$CaBr_2$	250	315	84	93
13ppg $CaCl_2$/$CaBr_2$	200	200	67	98

2. 管柱安全风险

对于超深、高压、致密等特殊储层改造时井口压力高的难题,压裂液加重技术是目前行之有效的方法[5]。但高密度压裂液可能造成套管毁坏,导致施工失败。

2008 年在 Sarah 地层的 SA-1 井进行加重压裂液施工,此井采用 $4\frac{1}{2}''$(内径为 3.92″)管柱、连续油管射孔完井,井深为 4800 m,温度为 170 ℃。以平均排量 2.6 m^3/min 施工,施工结束后注入氮气回收压裂液。尽管压裂液加重措施实现了作业者低井口压力(最高仅 98.0 MPa)、高井底压力的设想,但井底压力最高达 195.8 MPa,直接造成 Sarah 地层上部出现套管毁坏,故未完成产量评估。

3. 高温高压地层中的盐析伤害

高温高压油气藏中,加重压裂液在破胶后的返排过程中存在盐浓聚及盐析伤害现象,主要发生在压裂缝壁附近和近井裂缝附近,严重时将影响增产效果。岩心实验(表 3-17)表明,加重盐水的伤害率较标准盐水显著增大。

表 3-17　盐析伤害实验

岩心编号	气体渗透率/(×10^{-3}μm²)	盐水返排后					
		标准盐水气体渗透率/(×10^{-3}μm²)	加重盐水气体渗透率/(×10^{-3}μm²)	增重/%	标准盐水伤害率/%	加重盐水伤害率/%	伤害率增加/%
1	36.28	23.34	16.92	1.74	35.70	53.40	33.20
2	778.80	318.50	154.20	1.15	59.10	80.20	26.30

酒东区块下沟组 K_1g_1 储层具有岩性致密、非均质性强、高温高压、高地应力、天然裂缝及断层发育等对压裂改造不利因素,造成了极大的施工难度和风险。因此对压裂液的流变性、携砂性、稳定性等提出了极高的要求。考虑到压裂液加重后的性能不够稳定,在对 C18 井井口施工压力进行了预测与分析后,决定 C18 井压裂措施不采用加重压裂液,而直接采用在酒东区块成功应用的低摩阻、抗高温瓜尔胶压裂液体系。

第4章 地层破裂压力预测与降破裂压力技术

对于异常破裂压力储层，通常储层超高压、埋藏深、岩性致密，导致压裂或酸化改造施工压力高，施工工程风险大。压裂改造研究的一个重要方面就是必须要在现有的工程条件和技术条件下，较准确地预测破裂压力和施工压力，这对降低储层改造的工程风险，确保施工顺利进行非常重要，是压裂酸化措施选择的重要依据之一。

造成破裂压力异常高的因素主要分为两类：储层地质原因和工程原因。

1. 储层地质原因分析

储层因素：深层储层岩石非均质性强、致密程度增大，以及储层中存在大量塑性颗粒，造成岩石的抗张强度增大，从而增大了储层的破裂压力。

构造应力：由于地质构造、板块运动、地震活动等地壳动力学方面的原因所附加的应力分量称为构造应力，而构造应力以矢量形式叠加在水平应力之上，如何叠加取决于构造应力的方向。一般来讲，构造应力都考虑成近水平方向叠加在水平应力之上，因此在构造作用比较强烈的地区构造应力比较大，导致破裂压力的异常。

地层弯曲(背斜构造)派生的应力：当岩层处于变形层中性面下部时，此处的派生地应力为压应力，叠加结果是增大了水平方向的最小主应力及破裂压力。

热应力作用：盆地中因侵入体的局部热作用、断裂带的热液影响及地层中矿物转化过程中的热释放等，引起局部应力增大。

其他应力：地应力的其他来源很多，目前认识到的主要有两类。①塑性泥岩、盐岩、石膏的"流动"可能使地应力"软化"，造成地应力状态"趋同"，并可能达到与岩层静压力相当；②岩石中矿物的变化引起局部应力变化，如矿物体积改变等。

岩石力学参数弹性模量与泊松比反映了地层在一定的受力条件下弹性变形的难易程度。弹性模量越大，地层越硬，刚度越大，地层就不容易变形，泊松比小；反之，弹性模量越小，地层越软，刚度越小，地层就容易变形，泊松比大。

通常，岩性致密的储层常常表现出很大的弹性模量和较小的泊松比，疏松地层则表现出较小的弹性模量和较大的泊松比。根据压裂理论和实践，储层岩石致密程度和岩石力学参数是影响破裂压力的关键因素之一。

2. 工程原因分析

钻完井过程中的储层伤害：岩石经钻井液浸泡后抗压强度和弹性模量都显著下降，而泊松比增大，泊松比增加会增大地层的破裂压力，这也是造成部分井层异常高破裂压力的原因。

井斜对破裂压力的影响：井斜时造成井筒的受力形式有较大的变化及井眼附近应力的变化。根据分析，随着井斜角的增大，破裂压力也相应地增大。

套管射孔方位偏离：射孔方位偏离，射孔孔道与裂缝走向不一致，导致压裂弯曲摩阻增大等。

4.1 地层应力与地层破裂压力预测

4.1.1 地层破裂压力预测技术

地层应力与地层破裂压力分析在控缝高酸压和大跨度分层酸压等方面具有重要作用。本节综合应用测井解释资料、室内静态岩石力学实验测试数据及压裂施工资料，完成了纵向分层应力剖面与破裂压力预测[6]。

1. 静态岩石力学参数的测定

弹性模量与泊松比反映了地层在一定受力条件下弹性变形的难易程度。弹性模量越大，地层越硬，刚度越大，地层越不容易变形，泊松比小；反之，弹性模量越小，地层越软，刚度越小，地层越容易变形，泊松比大。对于压裂层段，总是希望油层弹性模量小，阻隔层弹性模量大，这样就能形成较大的应力差，能有效地阻挡水力裂缝垂向扩展，同时在产层能形成较宽的裂缝，有效地防止砂堵，增加压裂作业的成功率。由此可见，岩石力学参数对于压裂施工及设计有着极其重要的作用，如不能获得正确的岩石力学参数，压裂设计就失去了意义。

可以利用高温高压岩石三轴试验仪器测定岩心的岩石力学参数。所用实验装置由高温高压三轴室、围压加压系统、轴向加压系统、数据自动采集控制系统四大部分组成。

2. 利用声波、测井等资料获取动态岩石力学参数

岩石的弹性模量、剪切模量、体积模量、泊松比等力学参数通常用来描述岩石的弹性变形，它们反映了岩石承受各种力的特征。这些参数可以通过岩性试验分析得到，虽然这种方法得到的参数准确，但是代价很高，且不能得到各种岩石力学参数的连续剖面。另一种经济实用的方法是利用测井资料求取岩石力学参数，该方法可以获取各种岩石力学参数的连续剖面。

利用声波测井资料测定岩石的物理力学性质和力学参数的基本原理建立在连续弹性介质力学的基础上。假定声波在岩体内的传播符合弹性波传播规律，在此基础上利用弹性波的波动方程和弹性波的波形特征，揭示岩体内部结构和应力状态。虽然影响岩石特征及物理力学性质的因素复杂多样，但对无数工程岩体及岩样的测定发现，声波在岩体内的传播速度、振幅、频率等又与岩体的结构及应力状况有一定的对应关系。声波测井的应用正是建立在这种相互对应的关系之上的。

物体的弹性可用几个有关的参数描述，对声波探测来说，有意义的是弹性波的传播速度。而岩体结构及矿物组分不同，弹性波的传播速度也不同。而不同矿物组分和不同结构的岩石，其强度特性也不同。因此，声波传播速度能反映出岩石的物理力学性质。岩石的弹性模量和泊松比可利用声波时差数据计算确定。

3. 岩石力学参数动静态关系

由于岩石中微裂隙和孔隙的存在使得加载速率不同,所测的岩石力学参数也不同。因此,动态弹性参数和静态参数有相关关系,但两者在数值上是不同的。要得到满足工程需要的静态参数,必须获得动、静态岩石力学参数的相关关系。

利用实验测试得到的静态岩石力学参数与同深度的测井计算的动态岩石力学参数进行相关分析,得到的动、静态岩石力学参数的相关关系。再利用得到的相关关系校正测井方法得到的大量动态岩石力学参数,就可获得满足实际工程需要的大量静态岩石力学参数[7]。

4. 综合应用测试、室内实验、压裂资料获得分层应力剖面模型

地应力对于破裂压力计算、压裂优化设计都是极为重要的基本参数,这里采用三向地应力计算破裂压力的模型。对于垂向应力的确定,仍然采用常用的垂向应力等于上覆岩层压力的模式。上覆岩层压力是岩石与孔隙流体总质量产生的压力。通常将其表示为当量密度的形式,称为上覆岩层压力梯度,其随深度的变化曲线称为上覆岩层压力梯度曲线或剖面。上覆岩层压力梯度主要取决于岩石体密度随井深的变化情况,不同的地区上覆岩层压力梯度不同。

密度测井和声波测井可以直观地反映地层压实规律,可以获得岩石体积密度值。如果有密度测井资料,则平均体积密度可以很容易地计算出来。否则,可从声波测井曲线上计算岩石体积密度,但是必须经过压实修正。

水平主应力与地层孔隙压力、骨架应力和水平面上两个方向上的构造应力有关,假设岩石为均质、各向同性的线弹性体,并假定在沉积和后期地质构造运动过程中,地层和地层之间不发生相对位移,所有地层两水平方向的应变均为常数。由广义胡克定律得到最大、最小水平地应力计算式:

$$\sigma_{hmax} - \alpha p_p = \frac{\nu}{1-\nu}\left(\sigma_v - \alpha p_p\right) + K_H \frac{EH}{1+\nu} \tag{4-1}$$

$$\sigma_{hmin} - \alpha p_p = \frac{\nu}{1-\nu}\left(\sigma_v - \alpha p_p\right) + K_h \frac{EH}{1+\nu} \tag{4-2}$$

式中,σ_{hmax} 为最大水平主应力,MPa;σ_{hmin} 为最小水平主应力,MPa;ν 为岩石静态泊松比;E 为岩石静态弹性模量,MPa;α 为有效应力系数;p_p 为孔隙压力,MPa;K_h 为最小水平主应力方向的构造应力系数,在同一断块内为常数,m^{-1};K_H 为最大水平主应力方向的构造应力系数,在同一断块内为常数,m^{-1};σ_v 为垂向地应力,MPa;H 为井深,m。

其中,孔隙压力、岩石静态泊松比、岩石静态弹性模量可以通过测井资料得到,那么只有最大水平主应力方向的构造应力系数 K_H 和最小水平主应力方向的构造应力系数 K_h 与具体的区块有关,在同一区块内 K_H、K_h 不随井深和计算地点发生大的变化,其值要通过地应力实测数据来反求。可以利用压裂施工的监测数据来确定两水平方向上的地应力,进而确定构造应力系数 K_H、K_h。

4.1.2　地层破裂压力与地应力应用分析

1. 基于压裂施工资料的破裂梯度计算

C2 井为酒东油田第一口压裂井，于 2002 年 1 月 30 日进行施工（下封隔器）。C2 井压裂井段为 3902.0～3994.5 m，跨度为 92.5 m，射孔段厚度为 34.2 m/7 层，压裂施工曲线无明显破裂点显示。取注前置液阶段排量提至 2 m^3/min 后的施工压力 78 MPa 为破裂压力点。依据加砂后期压力上升到 90 MPa 之后瞬时降排量的压降，确定排量为 2 m^3/min 时摩阻约为 20 MPa，计算井底地层破裂压力为 97.48 MPa，对应破裂压力梯度为 0.0247 MPa/m。

C3 井压裂射孔井段为 4650～4711 m，射孔段厚度为 17.8 m/9 层，采用 5 ″ 套管×3050 m+$3\frac{1}{2}$ ″ 油管×（3050～3160 m）+$2\frac{7}{8}$ ″ 油管×（3160～3650 m）注入（带封隔器）。注前置液（基液）阶段排量提升至 4 m^3/min 以上时，取对应的井口压力 86.1 MPa 为井口破裂压力。依据停泵前排量为 5 m^3/min 的基液摩阻 25 MPa，估算此时基液摩阻约为 20 MPa，则 C3 井压裂的地层破裂压力为 112.9 MPa，对应地层破裂压力梯度为 0.02412 MPa/m。

C4 井压裂层段为 4939.8～5019.2 m，跨度为 79.4 m，射孔段厚度为 19.4 m/6 层。下入 $4\frac{1}{2}$ ″ 套管+$3\frac{1}{2}$ ″ 油管+$2\frac{7}{8}$ ″ 油管+Y241-114 封隔器+$2\frac{7}{8}$ ″ 油管组合管柱，于 2008 年 7 月 16 日采用醇基压裂液进行压裂。取施工排量提升至 2.5 m^3/min 时的井口压力 89.5 MPa 为地面压开地层的施工压力，由于设计采用醇基压裂液基液压开地层，依据停泵压差估算摩阻为 15 MPa，则对应地层破裂压力为 124.3 MPa，地层破裂压力梯度为 0.02496 MPa/m。

由上述 3 口井的实际施工压力曲线分析可知，酒东探区地层破裂压力梯度为 0.024～0.025 MPa/m。

2. C7 井地层破裂压力预测

地层破裂压力测试（表 4-1）显示，C7 井 3460 m 破裂压力梯度为当量泥浆密度×重力加速度×10^{-6} = 1.97 $(g \cdot cm^{-3}) \times 9.8 (m/s^2) \times 10^{-6} = 0.0193\ MPa/m$。

表 4-1　C7 井地层破裂压力测试（钻井数据）

地层	井深 /m	套管鞋深度/m	泥浆密度 /(g·cm⁻³)	泵入时间/s	泵入量 /L	井口破裂压力/MPa	重张压力 /MPa	当量泥浆密度 /(g·cm⁻³)	备注
Q	408	404.00	1.05	180	300	2.0	1.5	1.54	破裂
K_1z	3460	3454.48	1.60	600	1200	12.9	12.5	1.97	破裂

利用 C3 井测试的岩石力学参数和压裂施工资料计算该区块的岩石动、静态力学参数转换关系和构造应力系数。由此计算 C7 井地层破裂压力和应力，如表 4-2 所示；绘制地层应力计算曲线，如图 4-1 所示。取压裂段内的低值 3854.975～3858.975 m 的破裂压力求平均得 94.812 MPa，得地层破裂压力梯度为 0.0246 MPa/m。

表 4-2　C7 井地层破裂压力和应力

序号	深度/m	自然伽马/API	纵波时差/(μs·m⁻¹)	垂向应力/MPa	最大水平应力/MPa	最小水平应力/MPa	破裂压力/MPa
1	3819.975	90.0996	248.2694	95.46	131.66	88.66	101.92
2	3820.975	86.8318	266.6542	95.48	122.16	84.26	97.40
3	3821.975	96.1550	248.4321	95.51	131.09	88.76	102.83
4	3822.975	89.6896	280.2508	95.53	116.00	81.69	95.38
5	3823.975	99.8559	257.0221	95.55	126.08	86.72	101.35
6	3824.975	84.2939	272.0683	95.58	119.86	83.13	96.06
7	3825.975	85.3520	243.8912	95.60	134.80	89.81	102.34
8	3826.975	84.5056	270.1713	95.62	120.74	83.55	96.47
9	3827.975	88.1063	259.7141	95.65	125.62	85.92	99.14
10	3828.975	95.5376	283.6392	95.67	114.40	81.30	95.70
11	3829.975	97.7002	274.3325	95.69	118.11	83.07	97.63
12	3830.975	96.3376	277.0143	95.72	117.07	82.55	96.98
13	3831.975	89.4904	269.6349	95.74	120.76	83.86	97.42
14	3832.975	89.2120	240.3122	95.76	136.85	91.02	104.04
15	3833.975	102.2366	228.2028	95.78	143.99	95.01	109.67
16	3834.975	90.1154	267.9973	95.81	121.52	84.26	97.87
17	3835.975	93.9560	233.5625	95.83	141.01	93.19	106.77
18	3836.975	99.8348	299.2261	95.85	108.68	78.98	93.97
19	3837.975	92.8067	271.8290	95.88	119.64	83.58	97.58
20	3838.975	103.9066	276.9993	95.90	116.72	82.80	98.07
21	3839.975	107.6986	278.9350	95.92	115.70	82.52	98.18
22	3840.975	104.7041	286.8802	95.95	112.82	81.09	96.50
23	3841.975	83.6396	299.4479	95.97	109.43	78.62	91.91
24	3842.975	94.0840	272.2452	95.99	119.45	83.60	97.76
25	3843.975	105.5495	317.2612	96.02	103.09	76.74	92.35
26	3844.975	123.8759	265.8884	96.04	120.20	85.28	102.50
27	3845.975	84.9153	231.6339	96.06	143.43	93.76	105.97
28	3846.975	103.8240	242.2298	96.09	134.50	90.91	105.95
29	3847.975	99.5023	286.1816	96.11	113.48	81.22	96.11
30	3848.975	130.8516	306.7662	96.13	104.94	78.50	96.14
31	3849.975	136.1450	309.8315	96.16	103.81	78.15	96.15
32	3850.975	129.5038	308.3250	96.18	104.59	78.31	95.85
33	3851.975	110.6567	282.5095	96.20	114.28	82.09	98.09
34	3852.975	121.3541	302.6983	96.22	106.72	79.04	95.98
35	3853.975	90.5740	273.8745	96.25	119.11	83.36	97.16
36	3854.975	77.0101	288.9255	96.27	113.69	80.26	92.63
37	3855.975	108.6218	302.0106	96.29	107.63	79.01	94.88
38	3856.975	116.5967	302.0265	96.32	107.24	79.14	95.70
39	3857.975	132.1930	321.7191	96.34	100.97	76.77	94.47
40	3858.975	152.6097	317.7460	96.36	101.02	77.37	96.38
41	3859.975	108.6393	287.1826	96.39	112.77	81.37	97.22

序号	深度 /m	自然伽马 /API	纵波时差 /(μs·m⁻¹)	垂向应力 /MPa	最大水平应力 /MPa	最小水平应力 /MPa	破裂压力 /MPa
42	3860.975	110.7733	271.0332	96.41	119.13	84.37	100.38
43	3861.975	85.1915	237.4156	96.43	139.58	92.20	104.64
44	3862.975	109.6529	257.0921	96.46	125.85	87.39	103.25
45	3863.975	76.4338	231.8781	96.48	144.32	93.69	104.56
46	3864.975	114.7872	287.7030	96.50	112.29	81.44	97.87
47	3865.975	130.5859	301.3551	96.53	106.83	79.50	97.20
48	3866.975	127.8492	315.3972	96.55	102.95	77.62	95.07
49	3867.975	119.1289	259.2924	96.57	124.04	87.03	103.88
50	3868.975	135.6682	332.892	96.59	98.33	75.72	93.65
51	3869.975	110.6310	320.4268	96.62	102.42	76.82	92.94
52	3870.975	108.5363	288.3798	96.64	112.50	81.33	97.20
53	3871.975	92.5782	252.1325	96.66	130.02	88.47	102.27
54	3872.975	82.7162	293.2964	96.69	112.08	79.99	93.18
55	3873.975	72.8515	250.2246	96.71	132.63	88.42	99.33
56	3874.975	84.7183	283.8815	96.73	115.58	81.65	94.95
57	3875.975	66.1085	284.2577	96.76	116.31	80.93	91.79
58	3876.975	99.7387	340.2307	96.78	98.08	74.51	89.80
59	3877.975	112.5760	364.2546	96.80	92.91	72.61	88.95
60	3878.975	109.2647	364.5181	96.83	92.96	72.53	88.65
61	3879.975	88.3420	353.5846	96.85	95.55	72.97	87.35
62	3880.975	111.0719	337.6010	96.87	98.37	75.07	91.29
63	3881.975	108.6842	329.9497	96.90	100.26	75.86	91.88
64	3882.975	92.0673	323.9046	96.92	102.39	76.19	90.72
65	3883.975	88.9150	328.5912	96.94	101.30	75.58	89.84
66	3884.975	104.7474	318.8241	96.96	103.32	77.12	92.79
67	3885.975	112.4437	314.3073	96.99	104.25	77.84	94.15
68	3886.975	113.1836	316.9542	97.01	103.50	77.53	93.91
69	3887.975	122.7688	317.4187	97.03	102.97	77.62	94.76
70	3888.975	118.4039	334.1013	97.06	99.03	75.68	92.47
71	3889.975	129.5029	339.3228	97.08	97.47	75.30	92.87
72	3890.975	133.0301	327.5730	97.10	100.01	76.59	94.44
73	3891.975	131.1687	327.9078	97.13	100.02	76.55	94.27
74	3892.975	132.4286	318.3625	97.15	102.35	77.68	95.52
75	3893.975	131.8351	323.5047	97.17	101.09	77.08	94.87
76	3894.975	134.0765	344.5773	97.20	96.28	74.92	92.78
77	3895.975	131.8008	279.5777	97.22	114.70	83.42	101.41
78	3896.975	122.1941	258.5809	97.24	124.58	87.63	104.87
79	3897.975	124.0039	260.4111	97.27	123.56	87.24	104.65
80	3898.975	94.4631	252.8426	97.29	129.89	88.72	102.85
81	3899.975	135.7470	299.2821	97.31	107.71	80.33	98.52
82	3900.100	134.8522	285.6308	97.31	112.31	82.45	100.65

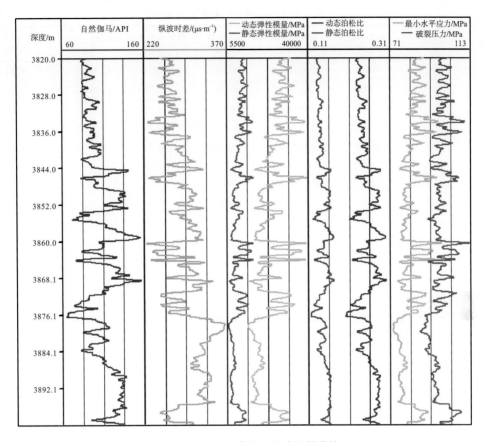

图 4-1　C7 井地层应力计算曲线

3. C102 井地层破裂压力预测

地层破裂压力测试（表 4-3）显示，C102 井 3661 m 破裂压力梯度为：当量泥浆密度×重力加速度×10^{-6} = 2.51(g·cm^{-3})×9.8(m/s^2)×10^{-6}=0.0246 MPa/m。

表 4-3　C102 井地层破裂压力测试

地层	井深 /m	套管鞋深度 /m	泥浆密度 /(g·cm^{-3})	泵入时间 /(h:min)	泵入量 /L	井口破裂压力 /MPa	当量泥浆密度 /(g·cm^{-3})	备注
N$_2$n+N$_1$t	1205	1199.56	1.20	0:10	22	14	2.39	破裂
K$_1$g$_3$	3661	3654.78	1.95	0:09	36	20	2.51	破裂

计算 C102 井地层破裂压力和应力，如表 4-4 所示；绘制地层应力计算曲线，如图 4-2 所示。取压裂段内的低值 3634～3639 m 的破裂压力求平均为 96 MPa，得地层破裂压力梯度为 0.0264 MPa/m。

表 4-4　C102 井地层破裂压力和应力

序号	深度/m	自然伽马/API	纵波时差/(μs·m⁻¹)	垂向应力/MPa	最大水平应力/MPa	最小水平应力/MPa	破裂压力/MPa
1	3600	70.726	259.0453	89.96	125.72	84.55	97.83
2	3601	65.738	246.6142	89.99	130.78	86.52	98.97
3	3602	42.874	235.8366	90.01	139.85	88.81	96.98
4	3603	86.976	273.2480	90.03	114.18	80.18	95.52
5	3604	69.585	270.2592	90.06	116.32	80.31	93.68
6	3605	77.062	280.6824	90.08	112.65	79.05	93.36
7	3606	83.027	282.8839	90.11	111.17	78.66	93.63
8	3607	80.581	287.1752	90.13	109.84	77.95	92.69
9	3608	86.436	301.7815	90.15	105.16	76.08	91.42
10	3609	97.504	299.9180	90.18	104.99	76.44	92.76
11	3610	90.525	299.6719	90.20	105.55	76.44	92.16
12	3611	82.382	287.7034	90.22	110.33	78.29	93.21
13	3612	99.894	302.0505	90.25	103.79	75.99	92.52
14	3613	98.027	304.2946	90.27	102.73	75.44	91.81
15	3614	93.188	295.0000	90.29	106.60	77.05	93.03
16	3615	98.998	284.4324	90.32	110.81	79.23	95.75
17	3616	91.639	247.5098	90.34	128.78	87.18	103.05
18	3617	77.970	248.1398	90.37	128.27	86.24	100.46
19	3618	77.062	283.8156	90.39	110.71	78.27	92.65
20	3619	96.017	282.8675	90.41	110.31	78.91	95.17
21	3620	84.953	270.4068	90.44	112.03	79.24	94.44
22	3621	107.432	279.3471	90.46	105.68	77.20	94.38
23	3622	121.924	296.5420	90.48	103.20	76.51	94.70
24	3623	106.567	262.6443	90.50	118.66	83.23	100.56
25	3624	93.804	249.6785	90.53	124.95	85.59	101.71
26	3625	94.276	275.8005	90.55	111.45	79.41	95.53
27	3626	92.466	265.1443	90.57	121.17	83.80	99.78
28	3627	97.511	266.0991	90.59	113.58	80.54	96.98
29	3628	79.690	256.7093	90.62	119.27	82.34	96.93
30	3629	81.435	250.6266	90.64	122.18	83.76	98.52
31	3630	79.724	245.4035	90.66	127.39	86.04	100.53
32	3631	59.990	233.3727	90.68	140.68	90.75	102.06
33	3632	77.508	232.1785	90.71	139.69	91.49	105.52
34	3633	70.503	229.0781	90.73	143.39	92.71	105.63
35	3634	57.883	246.2303	90.75	129.45	85.67	97.10
36	3635	55.938	241.2008	90.78	131.46	86.43	97.48
37	3636	66.064	253.6385	90.80	122.06	82.92	95.79
38	3637	74.299	265.5184	90.82	114.77	80.11	94.18
39	3638	61.828	251.7257	90.84	124.21	83.64	95.87

续表

序号	深度/m	自然伽马/API	纵波时差/(μs·m⁻¹)	垂向应力/MPa	最大水平应力/MPa	最小水平应力/MPa	破裂压力/MPa
40	4189	121.684	239.1306	104.64	144.56	97.12	110.87
41	4190	122.889	231.2336	104.66	152.26	100.63	114.33
42	4191	100.772	250.5905	104.69	137.56	92.52	103.05
43	4192	134.817	235.5151	104.71	141.26	96.51	112.31
44	4193	131.605	254.9541	104.73	134.35	93.22	108.71
45	4194	117.941	274.3537	104.76	126.17	88.77	102.64
46	4195	111.844	252.4081	104.78	138.08	93.61	106.05
47	4196	114.383	282.0112	104.80	123.35	87.33	100.83
48	4197	135.916	257.2441	104.83	134.24	93.44	109.52
49	4198	149.467	250.4888	104.85	137.19	95.52	113.25
50	4199	127.040	248.7598	104.88	140.36	95.68	110.41
51	4200	132.690	254.2881	104.90	136.10	94.12	109.75
52	4201	129.696	248.5302	104.92	141.48	96.36	111.47
53	4202	119.216	252.8773	104.95	139.76	94.92	108.50
54	4203	115.955	249.4783	104.97	140.66	95.10	108.13
55	4204	122.062	244.9541	105.00	140.31	95.37	109.38
56	4205	120.021	253.5269	105.02	138.51	94.44	108.20
57	4206	114.721	256.3320	105.05	137.47	93.63	106.60
58	4207	118.638	251.9488	105.07	140.26	95.14	108.62
59	4208	121.425	244.1109	105.09	143.75	96.88	110.69
60	4209	128.713	246.5650	105.12	141.25	96.26	111.25
61	4210	127.049	244.8688	105.14	140.93	96.02	110.78
62	4211	116.387	242.6181	105.17	143.82	96.58	109.58
63	4212	113.727	238.9731	105.19	146.97	97.78	110.19
64	4213	120.321	244.0453	105.21	144.29	97.09	110.72
65	4214	120.024	238.0709	105.24	148.70	99.03	112.45
66	4215	121.393	246.6700	105.26	143.80	96.96	110.78
67	4216	112.126	225.6398	105.29	157.32	102.22	113.88
68	4217	119.697	231.3386	105.31	153.43	101.12	114.33
69	4218	120.298	236.0072	105.34	150.21	99.75	113.18
70	4219	122.962	249.0190	105.36	140.41	95.59	109.78
71	4220	118.659	236.4534	105.38	149.12	99.16	112.36
72	4221	142.905	252.3130	105.41	134.26	94.02	111.05
73	4222	133.025	252.8674	105.43	134.80	93.73	109.50
74	4223	121.531	245.0197	105.45	143.25	96.79	110.68
75	4224	118.971	245.3445	105.48	142.58	96.32	109.83
76	4225	134.454	246.3123	105.50	142.65	97.37	113.21
77	4226	124.046	240.5512	105.53	147.75	98.99	113.14
78	4227	114.724	209.8425	105.55	175.28	110.41	121.83
79	4228	119.219	226.1647	105.58	160.33	104.22	117.13
80	4229	118.098	218.4810	105.60	166.70	106.95	119.41
81	4230	115.877	219.9606	105.63	165.82	106.38	118.44
82	4231	120.392	240.7185	105.65	147.61	98.70	112.29

序号	深度/m	自然伽马/API	纵波时差/(μs·m⁻¹)	垂向应力/MPa	最大水平应力/MPa	最小水平应力/MPa	破裂压力/MPa
83	4232	130.381	250.2986	105.68	139.54	95.78	111.13
84	4233	151.158	260.4921	105.70	132.09	93.54	111.57
85	4234	132.601	251.6174	105.72	138.00	95.24	110.93
86	4235	122.628	222.6280	105.75	163.08	105.77	119.24
87	4236	122.257	225.0820	105.77	158.18	103.57	117.13
88	4237	131.865	245.4035	105.80	144.07	97.94	113.42
89	4238	126.815	237.5361	105.82	149.16	99.90	114.50
90	4239	116.492	236.2959	105.85	151.12	100.03	112.84
91	4240	111.235	195.6660	105.87	191.98	117.49	127.39
92	4241	119.473	206.9390	105.89	177.22	111.82	124.21
93	4242	122.263	220.0230	105.92	164.15	106.27	119.66
94	4243	126.690	238.9928	105.94	148.13	99.47	114.09
95	4244	126.852	238.7730	105.97	148.51	99.66	114.30
96	4245	127.049	247.6805	105.99	141.44	96.52	111.39
97	4246	140.534	216.4108	106.02	163.73	107.47	124.00
98	4247	140.018	244.5505	106.04	142.58	97.84	114.51
99	4248	122.998	238.6909	106.06	149.29	99.77	113.79
100	4249	131.709	253.6319	106.09	140.41	96.38	111.96

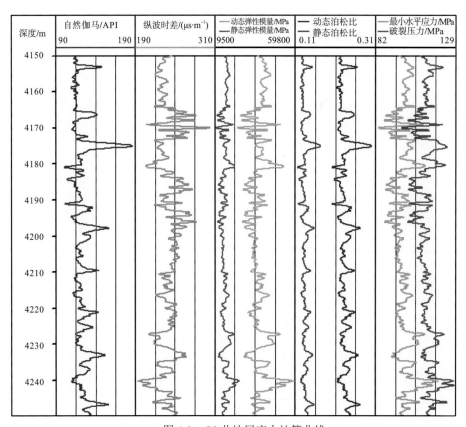

图 4-3　C3 井地层应力计算曲线

4.2　射孔降低地层破裂压力分析

室内实验和现场实践都表明，射孔参数对压裂效果有着直接的影响[8]，依据弹性力学理论探讨射孔后的地应力分布，在此基础上应用断裂力学理论运用数值模拟的方法进行计算。计算表明，射孔方位、密度和孔径对地层破裂压力都有影响。当地层条件和井筒空间位置一定时，存在最优的射孔方位，因此只有将射孔参数的优化设计与压裂参数的优化设计结合起来，才能使射孔井的压裂效果更好[9]。分析表明，井筒位置和孔眼方位对地应力重新分布的影响很大。考虑到射孔方位、密度和孔径对压裂效果的影响。图 4-4 和图 4-5 所示分别为射孔的有效方位和沿 80°射孔时的裂缝扩展路径示意图。

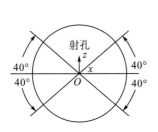 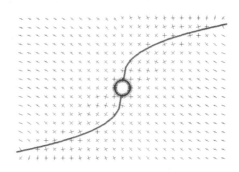

图 4-4　射孔的有效方位　　　　图 4-5　沿 80°射孔时的裂缝扩展路径示意图

依据 C3 井的基本数据，分析射孔密度、射孔孔眼的相位角和方位角、孔眼直径、穿透深度对破裂压力的影响，得到如下结论：有效降低地层破裂压力的最佳射孔方位是与最大主应力方向成±40°角的区域，超过这个范围，就容易产生裂缝转向，破裂压力升高很快，如图 4-6 所示。

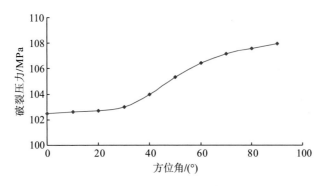

图 4-6　C3 井射孔方位角与破裂压力的关系

图 4-7 表明，同一射孔方式下，随着射孔密度的增大，破裂压力降低。

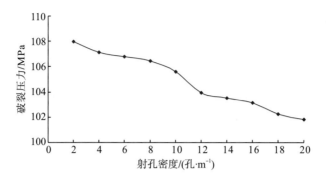

图 4-7　C3 井射孔密度与破裂压力的关系

图 4-8 表明，射孔孔眼直径对破裂压力基本上没有影响。

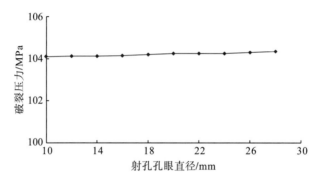

图 4-8　C3 井射孔孔眼直径与破裂压力的关系

图 4-9 表明，破裂压力随射孔孔眼长度的增加呈下降趋势，但影响不大。

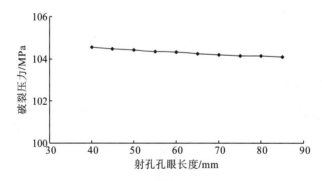

图 4-9　C3 井射孔孔眼长度与破裂压力的关系

　　根据射孔参数对破裂压力影响的计算结果可知，增加射孔密度和沿最大主应力方向射孔可有效降低地层破裂压力。但是定向射孔的实施难度大，因此推荐采用提高射孔密度的方法来降低破裂压力。

4.3　酸预处理降低地层破裂压力分析

表 4-6 是岩样经过不同酸液损伤后的岩石力学参数变化情况。可以看出，经过酸液处理后，岩石的结构受破坏，导致抗压强度、弹性模量降低，内聚力和内摩擦角减小。随着酸液浓度（特别是氢氟酸）的增大，岩石强度的降低程度增大，表明岩石受到的酸损伤越严重。

表 4-6　酸处理对岩石力学参数的影响

酸液类型	抗压强度/MPa	弹性模量/MPa	泊松比	内摩擦角/(°)	内聚力/MPa
未经酸处理	54.1	7058	0.42	24	4.5
10%HCl	47.8	6585	0.40	20	3.4
10%HCl+1%HF	47.0	6162	0.39	18	2.7
15%HCl+3%HF	45.5	6000	0.41	18	2.6
18%HCl+5%HF	44.3	5584	0.38	16	2.6

注：孔隙压力为 20 MPa；围压为 30 MPa、40 MPa。

图 4-10 所示为是岩样经酸处理后的应力-应变曲线。可以看出，经过处理后岩石强度降低。由于酸液溶解了岩石中部分矿物质，使得岩石孔隙度增大，在压缩初期，存在明显的压实阶段。在岩石的破坏阶段，经酸处理后轴向变形量均大于没有酸损伤下的岩石轴向变形。

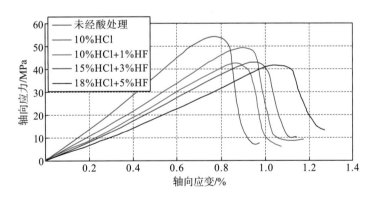

图 4-10　岩样经不同酸液处理后的应力-应变曲线

第5章　高效压裂工艺技术

为实现酒东压后增产，特别是稳产，有必要采用高效压裂工艺技术，保证足够的支撑剂能够顺利铺置在产层段，并保持较高的长期导流能力。本章重点研究控缝高实现裂缝长度充分扩展及支撑剂有效充填产层技术、防治多裂缝实现顺利加完足够支撑剂技术和防治支撑剂嵌入保持长期裂缝导流能力技术。

5.1　控缝高压裂工艺技术

5.1.1　控缝高工艺技术分析

参考彭瑀[10]的研究，目前国内外控缝高技术主要有以下几种。

1. 人工隔层技术

人工隔层技术的基本原理是通过上浮式或下沉式隔离剂在裂缝的顶部或底部形成人工遮挡层，增加裂缝末梢的阻抗，阻止裂缝中的流体压力向上或向下传播，继而控制裂缝在高度上进一步延伸，下一节将对此技术进行详述。

2. 变排量压裂技术

对于上、下隔层地应力差值小的薄油层的压裂改造，为限制裂缝高度过度延伸，采用变排量压裂技术，在控制裂缝向下延伸的同时，可增大支撑缝长，增加裂缝内支撑剂铺置浓度，从而可有效地提高增产效果。

3. 注入非支撑剂段塞控缝高技术

在前置液和携砂液中间注入非支撑剂的液体段塞，这种液体段塞由载液和封堵颗粒组成，大颗粒形成桥堵，小颗粒填充大颗粒间的缝隙，形成非渗透性阻隔段，以达到控制裂缝高度的目的。

4. 调整压裂液的密度控缝高技术

根据压裂梯度来计算压裂液的密度，如果要控制裂缝向上延伸，则采用密度较大的压裂液，使其在重力作用下尽可能地向下压开裂缝；反之，如果要控制裂缝向下延伸，则使用密度较小的压裂液。

5. 冷却地层控缝高技术

此项技术是通过向温度较高的地层注入冷水，使地层产生热弹性应力，大幅度地降低地层应力，从而使缝高和缝长控制在产层范围内，工艺如下。

(1)在低于地层破裂压力的条件下，向地层注入冷水预冷地层。

(2)提高排量和压力，使压力仅大于被冷却区水平应力，在冷却区内压开一条裂缝；

(3)控制排量和压力，注入含高浓度降滤剂的冷水前置液延伸裂缝。推荐降滤失剂为植物胶或石英粉。

(4)注入低温黏性携砂液支撑裂缝，完成压裂全过程。

冷水水力压裂技术主要用于以下几类油气层：①产层不存在清水伤害问题；②胶结物性较差的地层；③用常规水力压裂技术难以控制裂缝延伸方向的油气层。

6. 酸和低排量工艺技术诱发地层破裂技术

依靠泵入压裂液不能使地层破裂时，标准的补救措施是注入 $1\sim2\ m^3$ 浓度为 $15\%\sim28\%$ 的盐酸，帮助降低破裂压力，破裂压力越低，初始裂缝高度将越低。在破裂、裂缝延伸及支撑剂充填过程中，小排量趋于减少裂缝高度的增长。突然改变排量也会引起较大的裂缝高度增长，因此排量变化要缓慢进行。从原理上讲，任何一个能降低净破裂压力的措施都将有助于控制裂缝在高度方向上的增长。

7. 用低黏度、低排量和 70/140 目砂来控制裂缝高度的技术

由数值模拟结果可以看出，使用较低黏度 $20\sim50\ mPa\cdot s$ 的凝胶，以较低的排量 $(2\ m^3/min)$ 注入，并安排一个含有 70/140 目砂的预前置液段时，裂缝高度就减小 50%，一般情况下，整个处理过程支撑剂的填充量为 $10\sim30\ t$。70/140 目砂的用量未超过压裂主液处理过程中所用支撑剂总量的 10%，并尽可能在地层刚刚破裂后或者在破裂之前就添加到前置液中，70/140 目砂通常是按 $75\ kg/m^3$ 的浓度混合。选择 70/140 目砂来控制裂缝高度的依据是假想该砂在缝尖积砂。作者假设如果该砂尽可能早地加到前置液中，则裂缝的上、下缝尖就可能成为无液体区，圈闭的 70/140 目砂就可能在裂缝尖端造成很大的压降，从而限制裂缝高度的增长。

8. 利用地应力高的泥质隔层控制裂缝高度的技术

根据大量现场资料统计和室内研究表明，利用泥质隔层控制裂缝高度一般应具备以下两个条件：①对于常规作业，在砂岩油气层上、下的泥质隔层厚度一般应不小于 $5\ m$；②上、下隔层地应力高于油气层地应力 $2.1\sim3.5\ MPa$ 时更为有利。隔层厚度可以利用测井曲线确定。油气层和隔层地应力值则可以通过小型压裂测试、声波和密度测井或岩心实验取得。

9. 利用施工排量控制裂缝高度的技术

施工排量与裂缝高度的关系是排量越大，裂缝越高。不同地区由于地层情况不同，施工排量对裂缝高度的影响也不相同。为了避免裂缝过高，一般应将施工排量控制在 $3.5\ m^3/min$ 以内。

5.1.2 裂缝高度影响因素模拟分析

对具体油气井进行压裂设计时，明确控制裂缝高度延伸的主要因素对压裂施工设计至关重要。FracproPT 软件能够较好地利用压裂井的相关参数模拟分析压裂井裂缝延伸的影响因素。主要依据 C102 井的参数，输入基本数据：前置液为 85 m³，携砂液为 100 m³，陶粒为 20 m³（20/40 目）。利用 FracproPT 软件的压裂分析模块对裂缝高度延伸影响因素进行模拟分析。

1. 地层应力差

地层应力差是控制裂缝高度增长的主要因素。有人研究指出，油气层与上、下隔层的地层应力差为 2.0～3.45 MPa 时，足以将裂缝的垂向延伸控制在产层内。但是当油气层很薄，或上、下隔层为弱应力层，或存在其他复杂情况时，压开的裂缝高度往往容易超出产层。在其他条件不变的情况下，隔产层地层应力差与裂缝高度的关系如图 5-1 所示。在隔产层地层应力差小于 6 MPa 的条件下，由于产层有效厚度较薄，压开裂缝高度很容易突破产层；当隔产层地层应力差超过 6 MPa 时，裂缝高度容易控制，且隔产层地层应力差越大，裂缝高度越容易控制在产层内。

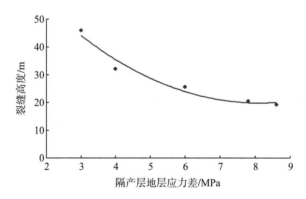

图 5-1 隔产层地层应力差对裂缝高度的影响

2. 储层岩石力学参数

1）弹性模量

弹性模量与裂缝高度的变化关系如图 5-2 所示。可以看出，裂缝高度随弹性模量的增大而增大。这是由于在相同的排量、施工时间及滤失速度下，弹性模量越大，裂缝越窄，裂缝将向高度方向发展，以满足液体体积平衡条件。

2）断裂韧性

产层断裂韧性对裂缝高度的影响如图 5-3 所示。图 5-3 表明，岩石的断裂韧性从 1.1 MPa·m$^{-0.5}$, 2.5 MPa·m$^{-0.5}$ 变化到 5 MPa·m$^{-0.5}$，相应的裂缝高度为 19.2 m、19.4 m、19.5 m。裂缝高度随着地层岩石韧性的增加而略有增大，但相应的裂缝高度变化不大。

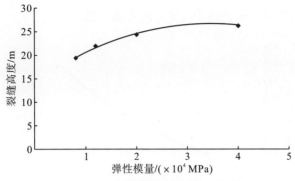

图 5-2　弹性模量对裂缝高度的影响

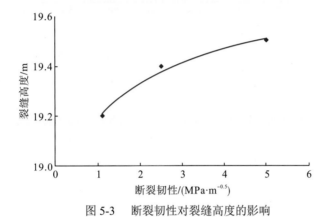

图 5-3　断裂韧性对裂缝高度的影响

3)泊松比

泊松比对裂缝高度的影响如图 5-4 所示。随着泊松比的增大，裂缝高度增大，但增幅较小，说明泊松比不是影响压裂裂缝高度的主要因素。

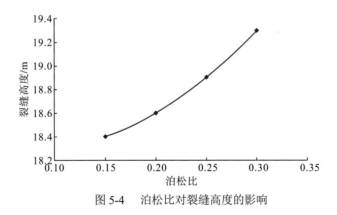

图 5-4　泊松比对裂缝高度的影响

3. 压裂液性能参数

1)压裂液黏度

压裂液黏度对裂缝高度的影响如图 5-5 所示。可以看出，压裂液对裂缝高度的影响很大，尤其是高黏压裂液将导致裂缝在高度方向大幅扩展。

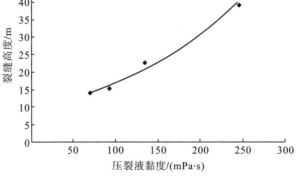

图 5-5　压裂液黏度对裂缝高度的影响

2）滤失系数

滤失系数对裂缝高度的影响如图 5-6 所示。可以看出，随着滤失系数的增大，裂缝高度减小。这主要是因为滤失系数增大，压裂液效率降低，裂缝内净压力降低，使裂缝高度减小。

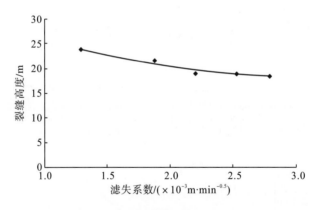

图 5-6　滤失系数对裂缝高度的影响

4. 施工参数

1）施工排量

施工排量与裂缝高度的变化关系如图 5-7 所示。随着施工排量的增大，裂缝高度几乎呈线性增加。

2）施工时间

在排量一定的情况下，施工时间差异反映施工规模的差异。模拟表明，随着施工时间的增加，裂缝高度增加，施工初期裂缝高度延伸速度比施工后期大。因此，除施工排量等施工参数对裂缝高度的控制至关重要以外，施工规模也是控制裂缝高度的重要因素之一。

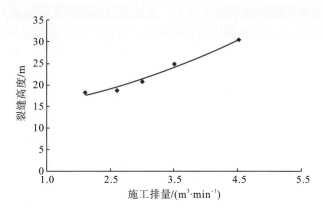

图 5-7 施工排量对裂缝高度的影响

5. 变排量施工工艺

方案一采用了稳定排量 3.0 m³/min，支撑裂缝高度为 24.2 m，方案二先用较小排量 2.0 m³/min 注入前置液造缝，然后用较大排量 2.5 m³/min、3.0 m³/min 携砂，最终支撑裂缝高度为 21.5 m。两种方案所用的净液体积均为 156.5 m³，加砂量为 18.6 m³，但是从模拟的裂缝剖面可以看出，方案二采用变排量工艺后，裂缝高度得到了一定程度的控制。从上面两种方案的对比可以看出，采用变排量施工时，用小排量造缝，较大排量携砂能在一定程度上控制裂缝高度。

从模拟分析结果可以看出，影响裂缝高度延伸的因素很多，包括可变因素(施工参数、压裂液性能参数和施工工艺)和不变因素(地层应力差异和岩石物质特性参数)。在压裂施工前，应针对不同油气井结合软件模拟分析各个影响因素，从而找到裂缝垂向延伸的主要影响因素，以确定相应的控缝高措施。

5.1.3 人工隔层控缝高技术

1. 人工隔层控缝高基本原理

人工隔层通过改变缝内流压在垂直方向上的分布[11]，从而将裂缝尖角钝化，增加裂缝末端阻抗值，最终控制裂缝高度过度延伸，遏制裂缝纵向增长，提高压裂液效率[12]。人工隔层的施工工艺是在注完前置液造出一定规模的裂缝后，在注入混砂液之前用携带液携带隔离剂——空心微粉和粉砂进入裂缝。空心微粉在浮力作用下迅速置于新生裂缝的顶部，粉砂在重力作用下沉淀于裂缝的底部，从而在裂缝的顶部和底部分别形成一个低渗透或不渗透的人工隔层。

为了能有效地控制裂缝高度的延伸，人工隔层应具有以下基本功能。

(1)限制高压携砂液的高压向上部和下部传递，从而改变缝内垂直方向上流压的分布，降低上、下层段中缝内流压与地应力之差。这是因为缝顶、缝底处的流压小于产层中缝内的流压，在地应力保持不变的情况下，缝顶、缝底处用于延伸裂缝高度的净压比无人工隔层情况下的要小，从而达到控制裂缝高度的目的。

（2）裂缝延伸主要在应力薄弱的方向上，通过裂缝端部的压裂液滤失，造成局部压力增大，逐渐超过地层中该点的破裂压力极限而产生裂缝，并沿该方向向前延伸。这时加入隔离剂，使其沉积在裂缝上、下部端点，阻止一部分压裂液的滤失，形成一定的阻抗，即人为增大遮挡层的应力。形成的阻抗达到一定程度时，就能阻止裂缝在该方向上的延伸。形成的阻抗与隔离剂的粒度、堆积孔隙度及沉积厚度有关。

（3）在裂缝的近井地带上、下端部填充小粒径隔离剂，减小末梢处的流速并对垂向扩展的压力产生阻抗，但在水平方向上，则相对地增加了产生层间滑动的可能性。隔离剂限制向上的流速，在注入排量不变的情况下，相应地增加裂缝在宽度和长度方向上的扩展能力，裂缝在宽度方向上的扩展能力即转化为增加层间滑动的能力。

2. 人工隔层材料优选

针对人工隔层控缝高技术要求和隔层材料优选原则，筛选了4种隔层材料进行分离与强度实验评价，结果如表5-1所示。

表 5-1　隔层材料分离实验结果

参数	上浮隔层材料		下沉隔层材料	
	F-1	F-2	C-1	C-2
密度/(g·cm⁻³)	0.62	0.68	2.5	2.4
柴油中运移速度/(m·min⁻¹)	0.22～0.34	0.2～0.3	1.0～1.3	0.9～1.3
活性水中运移速度/(m·min⁻¹)	0.9～2.0	0.8～1.5	0.9～1.8	0.4～0.9

由表5-1可知，两种上浮材料在柴油与活性水中的分离率相差较大，携带隔层材料的液体对人工隔层形成有一定的影响。用活性水作为携带液体容易形成人工隔层，且成本低，但应注意地层伤害问题。

由表5-2可知，上浮隔层材料F-2和下沉隔层材料C-1具备较强的阻隔流体通过的性能。渗透率相对损失随隔层堆积厚度增加而增大。

表 5-2　隔层材料相对渗透损失实验结果

类型		堆积厚度/cm	渗透率相对损失/%	堆积厚度/cm	渗透率相对损失/%
上浮隔层材料	F-1	7	57	10	79
	F-2	7	68	10	88
下沉隔层材料	C-1	8	74	11	91
	C-2	8	70	11	79

3. 人工隔层控缝高压裂工艺

人工隔层控缝高压裂工艺过程主要包括：①前置液造缝；②用由携带液和浮式/沉式

隔离剂组成的第二种液体制造人工隔层；③注入第三种液体(即不加隔离剂的液体)，将隔离剂顶进裂缝；④关井使隔离剂进入新生裂缝垂向尖端，均匀分布和沉降，形成遮挡层；⑤注入黏性前置液和携砂液继续延伸和支撑裂缝，完成压裂全过程。

人工隔层必须在裂缝开始向产层之外延伸以前形成，在压裂过程中，靠近井眼处的缝内水力压力比沿裂缝长度内的任何点都大。所以，注入隔离剂要掌握好时机，有时需在压裂施工的前置液段就要考虑注入隔离剂[13]。

5.2　多裂缝防治工艺技术研究

5.2.1　酒东探区多裂缝的形成机理分析

多裂缝的存在造成异常高的施工压力及砂比不易提高，甚至早期砂堵，形成多条长度较短、宽度较窄、导流能力低的裂缝，严重影响压裂效果。无论是直井还是斜井，在裂缝的起裂过程中，由于射孔摩擦与各个射孔破裂压力的限制，在井筒压力协调的作用下，多条人工裂缝相继开启，独立延伸、吸液。对于同一地层，同一纵向上破裂压力相差很小的多个射孔孔眼在井筒压力协调的情况下很容易相继开启，首先形成多条小裂缝[14]。随着各条裂缝尺寸的增大，在同一纵向上的各条裂缝可能在缝口联系在一起，成为一条大裂缝；而处于不同纵向上的小裂缝，由于与其他纵向上裂缝联系的可能性较小，有可能发展成另外的大裂缝，最后是多条大裂缝同时延伸，如图 5-8 所示。

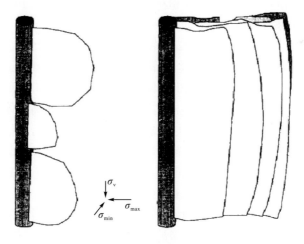

图 5-8　纵向上不同射孔处起裂的裂缝发育成平行多裂缝
(注：σ_v 为垂向地应力，σ_{max} 为最大水平地应力，σ_{min} 为最小水平地应力)

在随后的注液过程中，由于部分裂缝的裂缝宽度、曲折度等的影响，可能造成砂堵，从而逐渐退出流量的分流与延伸；或者由于采取了加粉砂等工艺技术而不再分流、延伸，最终在地层中延伸的可能只有少数几条大裂缝[15]。图 5-9 所示为裂缝条数的变化规律，裂缝起裂过程是多条小裂缝向少数大裂缝的发展过程。

图 5-9   裂缝条数变化规律示意图

导致酒东探区压裂可能发育多裂缝的因素如下：①单砂层厚度薄，射孔厚度大，层数多，造成压裂液在多个层内分流、多条裂缝同时延伸扩展，形成多条裂缝；②复杂断层可能导致裂缝发育，开启的天然裂缝不仅大大增加了压裂液滤失量，还增大了多裂缝产生的可能性；③地层倾角普遍较大，尽管采用直井生产，但目的层段仍存在位差，增大了多裂缝形成的可能。

5.2.2   多裂缝防治工艺技术研究

1. 支撑剂段塞技术研究

支撑剂段塞不仅能降低压裂液的滤失，而且还有防治多裂缝的作用。

(1)降滤。支撑剂段塞中的支撑剂可以堵塞部分裂缝，降低压裂液滤失量，提高液体使用效率，使绝大多数的液体进入主裂缝，并迅速增加主裂缝的宽度，扩大改造规模，提高加砂量，形成更长的改造裂缝。

(2)减少裂缝条数。这是一种重要的作用。多条裂缝并存时，裂缝壁面的闭合作用力大小不一，必然存在相对较宽的裂缝及相对较窄的裂缝。这样，当小颗粒的支撑剂进入某些狭窄裂缝时，就能够封堵这些裂缝而减少裂缝的条数。

(3)保护小裂缝，提高枝节裂缝、边缘裂缝的导流能力，避免这些裂缝的闭合。

(4)减小孔眼摩阻。在射孔过程中，套管孔眼存在或多或少的毛刺，而段塞中的支撑剂可以使孔眼更加光滑，直径增大，减小液体进入孔眼的摩阻和降低压裂液进入孔眼的剪切降解，从而降低施工压力，保证压裂液进入裂缝的黏度，提高液体的效率[16]。

(5)优化近井筒附近裂缝壁面。水力裂缝壁面通常并不光滑，具有粗糙度和凹凸面，这些地方容易发生支撑剂堵塞。而支撑剂段塞与单一的冻胶段塞相比，对水力裂缝的壁面的冲蚀和磨蚀作用更大，它会使裂缝壁面更趋于光滑，减少裂缝的凹凸面，增大近井裂缝的宽度，大大减小了支撑剂在近井筒脱砂的可能性。

(6)减小近裂缝弯曲效应。支撑剂段塞借助水力切割作用对弯曲裂缝进行冲刷使裂缝弯曲度减小，并使裂缝面与优化的裂缝面趋于一致。这种高速含砂流体形成的水力切割作用可以帮助液体对各种因素形成的节流环节、迂曲构造及粗糙表面进行水力切割、打磨，使流通路径趋于完善、光滑，降低摩阻。

2. 压裂材料优选

压裂施工中的材料优选是压裂设计、施工中最为关键的环节之一，应从降低滤失、防治多裂缝方面考虑以下几个方面的影响因素。

1) 压裂液黏度

增加流体黏度可以减小近井多裂缝及裂缝的转向。增加流体黏度一方面增加了裂缝宽度，提高了裂缝的导流能力；另一方面由于黏性流体的本质决定了它不易在各条裂缝间分流，因而可减少裂缝数量。在压裂液残渣控制较好的情况下，建议适当增加压裂液黏度，以提高压裂液的携砂性能，并在一定程度上减少多裂缝的产生。

2) 支撑剂

酒东探区支撑剂嵌入程度一般，主要考虑到压裂过程中砂比不易提高，且压后各种二次伤害会降低地层裂缝的导流能力。考虑地层条件对压裂裂缝导流能力的要求，同时降低施工风险，主体采用 20/40 目高强度陶粒，在层段深压裂难度很大时采用 30/50 目高强度陶粒。

3) 段塞材料

段塞材料的种类较多，各种材料都有其优缺点和适用条件，应根据地层实际情况进行选择。100 目粉砂具有成本低、悬浮性好等优点，但粉砂易碎，导流能力低，较适合于大段裂缝降滤。粉陶、组合陶粒在高闭合应力下具有较高的导流能力、破碎率较低，但成本略高；油溶性降滤失剂悬浮性较好，对储层无伤害，但打磨效果差；乳液降滤失剂是通过形成油水乳状液，起到暂时封堵油层裂隙，防止液体滤失的作用。

在考虑段塞颗粒大小时，颗粒过小造成天然裂缝深部堵塞，起不到明显的降滤作用；颗粒过大造成在天然裂缝缝口疏松堵塞，起不到降滤作用，如图 5-10 所示。因此，颗粒大小应根据天然裂缝的开度进行合理选择。然而，由于地层内情况复杂，天然裂缝的开度很难确定。酒东探区推荐使用 70/100 目高强度粉陶为段塞材料。

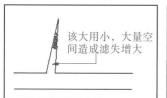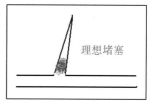

图 5-10　段塞颗粒大小堵塞效果示意图

3. 施工参数优化

1) 施工排量

排量是压裂液滤失、裂缝形态的主要影响因素之一。一般情况下，随着排量的增大，管柱流动摩阻增大，同时裂缝净压力增大，从而使压裂液滤失量增大，裂缝高度和宽度得到更大延伸。在有多裂缝形成时，排量增大后，由于流量分流和相邻裂缝缝内压力的作用，导致宽度增加幅度减小，从而不能增强裂缝吃砂能力。

不仅如此，排量与裂缝的转向轨迹和连接是有关系的。流体压力比较高时，裂缝转向比较慢，裂缝轨迹比较平滑，转向轨迹的半径大，利于裂缝轨迹优化。

当起裂方位比较理想，地层应力接近相等时，增大排量有益于裂缝的连接，有益于减少裂缝条数；当不具备这些条件时，则容易造成多裂缝。

由于酒东探区的地层构造应力大，裂缝延伸压力高，井口压力受限，实际施工排量难以提高。从防治多裂缝的角度出发，将排量提升到 3.0 m³/min 以上有利于防治多裂缝，使裂缝在长度和宽度方向得到更大扩展，增加加砂量，提高压裂效果。但对于具体井的施工排量还要考虑射孔情况、隔层情况、施工设备和工艺等。

2）前置液比例

适当增加前置液量，可降低多裂缝储层压裂风险，酒东探区的前置液比例建议控制在 40%～45%。

3）砂比

对于相同大小的吃砂裂缝宽度，当支撑剂的粒径减小后，最大砂比可提高。砂比受到降滤失工艺的有效性、前置液比例、段塞的使用等限制。

4）段塞体积

从理论上讲，压裂施工降滤失所需段塞体积主要取决于多裂缝的总空间与天然开启裂缝的总空间，但目前无法实现段塞体积用量的定量计算，现场施工常常根据施工压力变化情况决定段塞体积用量。

5）段塞浓度

对于同样的段塞体积，若段塞砂比较大，则会造成压裂液所到之处并没有被段塞颗粒完全覆盖或者覆盖面积较小，起不到明显的降滤作用，并可能造成全面砂堵；若砂比过小，则段塞颗粒的浓度太小，容易削弱封堵和打磨作用。现场应用实践表明，支撑剂段塞砂比一般为 5%～8%。另外，要保证段塞前一定的液体量，使段塞在前置液中均匀分布。

5.3　防支撑剂嵌入工艺技术

水力压裂的最终目标是在地层中形成一条高导流能力的支撑裂缝。在裂缝闭合后，由于支撑剂与裂缝面的相互作用，会产生支撑剂嵌入岩石的现象(在软地层中尤为显著)。支撑剂嵌入后导致支撑裂缝宽度减小，进而降低裂缝导流能力[17]。因此有必要对压裂施工过程中的支撑剂嵌入进行研究，分析影响支撑剂嵌入的因素并提出相应对策，为进一步的压裂施工作业提供可靠的理论及实验依据。

5.3.1　支撑剂对地层岩石的嵌入测试

图 5-11 所示为利用 C7 井全直径岩心加工成岩板、夹持 20/40 目陶粒，加闭合压力 50 MPa 维持 30 min 后的支撑剂嵌入情况。

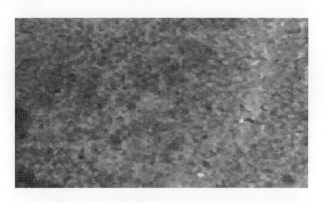

图 5-11　C7 井岩板夹 20/40 目陶粒后的岩板照片

在嵌入测试后，将清水介质滤失后的嵌入岩心从嵌入室小心取出。用超长焦距连续变焦视频显微镜及扫描电镜进行近距离观测，测量出嵌入孔隙的直径。计算得到 C7 井岩心的支撑剂嵌入深度约为 100 μm。目测观察支撑剂嵌入不明显，酒东探区主要考虑高闭合应力下支撑剂的破碎问题，对于泥质含量相对较高的层段压裂时则应考虑支撑剂的嵌入问题。

国外实验研究的定量认识：嵌入产生的地层碎屑使裂缝充填层的导流能力明显受到损害；在 13.79 MPa 闭合应力下，只要 5%的地层碎屑就可以使伤害区域的导流能力降低到初始导流能力的 45%，20%的地层碎屑将使导流能力降低到初始导流能力的 27%；在 34.48 MPa 闭合应力下，10%的地层碎屑将使嵌入区域中的充填导流能力降低到 13.79 MPa 下原始充填导流能力的 18%。图 5-12 所示为不同碎屑含量时的导流能力测试曲线。测试条件：压力为 13.79 MPa，温度为 60 ℃，铺砂浓度为 10 kg/m²。测试表明，碎屑含量为 2.5%时，导流能力下降 16%；当碎屑含量为 5%时，导流能力下降 31.5%；当碎屑含量为 10%时，导流能力下降 41.8%。对支撑剂微粒的正六边形封闭组合的排列，嵌入的一个单分子层就可以等价于嵌入区 21.5%的地层碎屑，由于支撑剂颗粒间有许多空间和间距，则嵌入区的碎屑浓度有可能达到 40%，这必然造成裂缝导流能力严重降低。

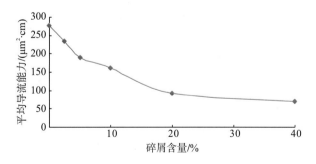

图 5-12　不同碎屑含量时的导流能力测试曲线

5.3.2　防止支撑剂嵌入提高压后有效导流能力的技术措施

在针对具体井施行加砂压裂增产措施时，地层条件往往都是固定的，闭合压力值越高，嵌入程度越严重。在确定会引起较为严重的支撑剂嵌入现象的闭合压力值时，需要对压裂产层的岩心进行分析，岩石的弹性模量直接决定发生嵌入的闭合压力值[18]。因此，选定压裂井层后，通过实验确定该弹性模量的岩心发生嵌入的压力值，再与地层闭合压力进行对比分析，得到是否需要考虑支撑剂的嵌入问题，以进一步优化支撑剂及压裂液的选择。

目前国内主要用到的支撑剂类型有烧结陶粒、石英砂和树脂涂层支撑剂。实验分析表明，石英砂和陶粒在较低的闭合应力(小于 27 MPa)下，其嵌入程度基本一致。而树脂涂层支撑剂即使在较高的压力下仍然很少甚至没有嵌入现象发生。从避免支撑剂嵌入的角度分析，压裂施工中应尽量使用树脂涂层支撑剂。实验同时还显示，在压力达到 35 MPa 时，研究用的树脂涂层支撑剂由于颗粒变形导致裂缝宽度减小 15%左右，其对导流能力的影响程度与嵌入相比也不容忽视。因此，较低的闭合压力下优先选用树脂涂层支撑剂，而较高闭合压力下应重点考虑陶粒支撑剂。

为了避免或者减小支撑剂嵌入带来的影响，在压裂中应尽量选用颗粒直径较大的支撑剂。但是在闭合压力较高时，大颗粒支撑剂的破碎率也更高，其耐压强度不如小颗粒支撑剂，导致对导流能力的影响更大。因此，在闭合压力对支撑剂破碎影响较小的情况下应尽量选择大颗粒支撑剂，以降低支撑剂的嵌入程度。

本项实验研究表明，铺砂浓度越大，支撑剂嵌入越少，且支撑剂嵌入对裂缝导流能力的影响也越小。因此，要降低支撑剂嵌入程度及对导流能力的影响程度，应尽量提高砂比。

5.4　压后定量放喷技术

压裂液返排是水力压裂作业的重要环节，适当的返排程序和返排速度是保持裂缝导流能力的关键。压裂施工后合适的返排，就是使最少的支撑剂流出，保持裂缝较高的导流能力，同时又排出最大量的注入液体，提高压裂液的返排效率。如果排液速度过快，则高速流动的压裂液冲刷近井筒地带的砂拱，引起支撑剂充填失效，导致支撑剂回流，从而导致人工裂缝的支撑状况变差，导流能力下降，影响油气井产量，或导致井底沉砂堆积掩埋产层，或出砂侵蚀地面油嘴和阀门，影响生产工作的正常进行；如果排液速度过慢，则压裂液大量滤失进地层中，压裂液残渣造成地层有效渗透率降低，对储层造成二次伤害[19]。

由于对压后关井期间或返排过程中的裂缝闭合情况、支撑剂运移情况、压裂液的滤失变化情况的研究甚少，目前在压裂液的返排控制过程中大多采用经验方法，缺少可靠的理论依据。因此，研究压后定量放喷技术以对返排过程进行合理优化，合理控制压裂液的返排速度及返排过程，就显得尤为必要。

依据支撑剂回流的临界流速来确定返排的流量，同时根据物质平衡原理和流体力学原理，利用返排期间裂缝强制闭合数学模型，研究了水力压裂后不同放喷油嘴尺寸下，井口压力随时间的变化规律，由此可根据不同的储层情况和压裂工艺参数，根据井口压力大小选择合适的油嘴尺寸，并且随着井口压力的降低，油嘴尺寸是可调整的，为压后根据不同的井口压力选择相应合理的油嘴尺寸，提高压裂液的返排率和减少支撑剂的回流，提供了可靠的依据和保障。

推荐的排液方法为小排量早期返排，中、后期强化返排，即在压裂液破胶后即开井，先采用小油嘴控制小排量排液，通过控制返排速度，缩短地层闭合时间，增加人工裂缝对支撑剂的夹持作用，待裂缝尽可能完全闭合及压裂液破胶彻底后，再用大油嘴控制大排量快速返排，尽快排尽井筒及进入地层中的液体，缩短液体与储层的接触时间，减少工作液对储层造成新的伤害。

现场排液时应根据压裂液破胶情况，注意观察排出液体中支撑剂含量及其形状，采用合理的油嘴尺寸控制排液速度，在防止地层大量支撑剂回流、保证裂缝导流能力的前提下连续携带出井筒内的固体颗粒，保证井内安全。

排液时破胶液黏度是逐步变化的，一般由 10 mPa·s 逐步降至 5 mPa·s，因此，根据类似油田的现场经验和上述计算结果，提出排液方法如下：压裂后尽快开井，用小油嘴(一般采用 2.0 mm)控制排液，强制裂缝快速闭合，当排出液量等于顶替液量时开始观察出砂情况。若每升返出液含支撑剂大于 100 粒，则应适当降低排液速度，即采用更小的油嘴；若不见砂粒或只有微小岩石颗粒及破碎的支撑剂颗粒，可适当提高排液速度(3~4 mm 油嘴控制)，将含砂量控制为小于 100 粒/L，以此来控制排液期间的出砂。待裂缝充分闭合后换较大油嘴(一般为 4~6 mm)控制排液。

依据支撑剂回流分析和临界返排流量(表 5-3)的计算，现场放喷返排的油嘴直径可以根据表 5-4 进行确定。

表 5-3　支撑剂携带出井筒所需液体流速和排液速度表(89 mm 油管)

液体黏度/(mPa·s)	流速/(m·s^{-1})	排量/(m^3·h^{-1})
10	0.86	14.1
5	1.72	28.2
1	8.60	141

表 5-4　不同井口压力和液体黏度时油嘴尺寸选择

井口压力/MPa	液体黏度/(mPa·s)	油嘴直径/mm
5	10	4.44
	5	8.88
10	10	3.14
	5	6.28
15	10	2.56
	5	5.12
20	10	2.22
	5	4.44
25	10	1.99
	5	3.98
30	10	1.81
	5	3.62
35	10	1.68
	5	3.36
40	10	1.57
	5	3.14

第6章　K_1g_3 储层单井压裂方案设计与实施分析

本章以 C102 井为例，进行酒东探区 K_1g_3 储层压裂方案设计与分析。

C102 井位于甘肃省酒泉市红山堡东北 7.9 km，区内地表为戈壁、半沙漠，地形平缓，地面海拔为 1563.58 m。区内交通发达，兰新铁路、清嘉高速公路、甘新公路纵贯全区，有乡村公路从 312 国道通往井区，井区交通和通信条件便利。

该区内春、秋季多风，最大风力为 9 级。该区年平均气温为 5～8 ℃，夏季最高气温可达 40 ℃，冬季最低气温可达-30 ℃。干燥少雨，年平均降水量为 50～200 mm。夏季时有洪水暴发，需做好防洪准备；冬季气候寒冷，需注意防寒保暖。

依据玉门油田分公司勘探事业部做的 "C102 井试油(气)地质及工程设计" 确定试油方案，该井分 3 段进行试油。

第 1 试油层井段为 4415.8～4436.6 m，射孔段长段 10.4 m/2 层，在密度为 1.0 g/cm³ 的射孔液中采用投产管柱接 102 枪(装 127 弹、耐压 105 MPa)进行射孔试水后上返，试油井口装置采用 105 MPa 采油树。

第 2 试油层井段为 4168.4～4217.1 m，射孔段长段 10.6 m/4 层，在密度为 1.0 g/cm³ 的射孔液中采用投产管柱接 102 枪(装 127 弹、耐压 105 MPa)射孔，试油井口装置采用 105 MPa 采油树，射孔后求产，若不能获得油流则上返。

第 3 试油层井段为 3630.0～3640.4 m，射孔段长段 7.9 m/3 层，在密度为 1.0 g/cm³ 的射孔液中采用投产管柱接 102 枪(装 127 弹、耐压 105 MPa)射孔，试油井口装置采用 105 MPa 采油树，射孔后进行水力压裂改造。

在相关资料分析和压裂有关实验测试的基础上，完成了 C102 井 3630.0～3640.4 m 井段的初步压裂方案。

6.1　油井基础数据

6.1.1　基本数据

油井基本数据如表 6-1 所示。

表 6-1　油井基本数据

开钻日期	2009.3.10	完钻日期	2009.9.11	完井日期	2009.10.5
完钻层位	K_1c	设计井深/m	4550	完钻井深/m	4650
人工井底/m	4595	完井方法	射孔	通井情况	114 mm 磨鞋 通至 4595 m
井身结构数据				地层分层数据(录井深度)	

续表

井身结构		表层套管	技术套管	油套(尾)管	地层	底深/m
钻头/mm		444.5	311.1	216	K_1z	3583.0
钻深/m		1200	3656	4650	K_1g_3	3667.0
套管/mm		339.7	244.5	139.7	K_1g_2	3941.0
下深/m		1199.56	3654.78	4648.5	K_1g_1	4258.0
钢级		J55	P110(Lc)	P110	K_1c	4650.0(未穿)
壁厚/mm		9.65	11.05	10.54		
内容积/m³		80.63	38.85	11.05		
扣型		STC	LTC	LTC		
磨损时间/h			2880	0		
固井时泥浆密度/(g·cm⁻³)		1.20	1.95	2.10		
抗内压/MPa		18.8	60.0	100.3		
抗外挤/MPa		7.8	30.5	90.7		
浮箍/m		1178.49	3644.37	4613.68		
喇叭口/m				3431.24		
水泥返深/m		0	1925	3431.24	套管头：TF339.7×244.5×139.7-70 MPa(第 1 次注塑 21 MPa，第 2 次注塑 25 MPa)	
固井质量		合格	合格	合格		
试压情况	密度/(g·cm⁻³)	1.2(试 14 MPa)	1.0(试 35 MPa)	1.02(试 35 MPa)	采油树：KY78(65)-105 型	
	变化情况	30 min 未降	30 min 未降	30 min 未降		

最大井斜数据						油套补距/m	
斜度/(°)	深度/m	方位/(°)	最大全角变化率	深度/m	方位/(°)	油补距	套补距
7.79	4400	92.81	1.33°/30 m	4350	95.3		7.2
井底位移/m		总方位/(°)	135.47	测井温度/深度		全井井筒容积/m³	150

6.1.2　录井解释

目标油井的录井解释如表 6-2 和表 6-3 所示。

表 6-2　C102 油气显示统计(地层 K_1g_3)

序号	井段/m	厚度/m	岩性	钻时/(min·m⁻¹)	气测/%										钻井液		
					全烃	甲烷	乙烷	丙烷	异丁	正丁	异戊	正戊	CO_2	H_2	密度/(g·cm⁻³)	黏度/(mPa·s)	氯根/(mg·L⁻¹)
1	3583～3586	3	灰白色荧光细砂岩	20	0.347	0.093	0.012	0.02	0.005	0.001	0.016	0.001	0.21	0.25	1.85	120	
				71.8	0.455	0.164	0.017	0.025	0.008	0.003	0.049	0.002	0.65	0.7	1.85	120	
2	3594～3596	2		54	0.155	0.037	0.002	0.004	0.001		0.008		0.45	0.3			
				112.8	0.208	0.104	0.003	0.007	0.002		0.048		0.71	0.45			

续表

序号	井段/m	厚度/m	岩性	钻时/(min·m⁻¹)	气测/%										钻井液		
					全烃	甲烷	乙烷	丙烷	异丁	正丁	异戊	正戊	CO₂	H₂	密度/(g·cm⁻³)	黏度/(mPa·s)	氯根/(mg·L⁻¹)
3	3597~3599	2	灰白色荧光粉砂岩	19.8	0.358	0.067	0.006	0.004	0	0.002	0.002	0	0.150	0.200			
				77.5	0.527	0.172	0.011	0.009	0.006	0.002	0.025	0.002	0.430	0.480			
4	3612~3614	2		85.7	0.041	0.002	0.002	0.001	0.003	0.001	0.014	0.001	0.400	0.320			
				229.2	0.194	0.042	0.016	0.021	0.004	0.001	0.041	0.002	0.710	0.570			
5	3623~3624	1	浅灰色荧光粉砂岩	96.7	0.351	0.014	0.003	0.005	0.003	0.001	0.015	0.001	0.420	0.500			
				196.0	0.528	0.084	0.013	0.021	0.005	0.001	0.031	0.002	0.690	0.550			
6	3625~3634	9		59.8	0.182	0.003	0.001	0.002	0.001	0.001	0.005	0.001	0.370	0.340	1.95	104	19880
				246.0	0.727	0.157	0.022	0.025	0.007	0.004	0.051	0.003	1.350	0.800	1.95	107	19880
7	3640~3642	2	浅灰色荧光细砂岩	68.0	0.119	0.008	0.006	0.001	0.004	0.001	0.011	0.001	0.500	0.40	1.95	114	15407
				183.0	0.215	0.058	0.006	0.006	0.004	0.004	0.031	0.002	0.640	0.60	1.95	114	15407
8	3642~3644	2	浅灰色荧光粉砂岩	31.0	0.142	0.008	0.003	0.004	0.002	0.005	0.002	0	0.640	0.570			13419
				183.0	0.191	0.038	0.004	0.005	0.005	0.031	0.004	0.002	0.640	0.570			13419

表 6-3 C102 井气相色谱解释成果(地层 K_{1g3})

序号	井段	厚度/m	岩性	碳数范围	主峰碳	Pr/Ph①	Pr/Nc17②	Ph/C18③	∑C21⁻/∑C22⁺	C21+C22/C28+C29	解释结论
1	3583~3586	3	灰白色荧光细砂岩	C11~C34	C19	2.07	1.23	0.75	2.11	4.21	差油层
2	3594~3596	2	灰白色荧光细砂岩	C11~C34	C19	1.06	0.44	0.46	2.61	9.19	差油层
3	3597~3599	2	灰白色荧光粉砂岩	C11~C34	C19	1.19	0.57	0.50	2.33	7.10	差油层
4	3612~3614	2	灰白色荧光粉砂岩	C11~C35	C19	1.23	1.64	1.21	1.64	4.32	差油层
5	3623~3624	1	浅灰色荧光粉砂岩	C11~C36	C17	1.09	0.43	2.38	4.77	1.07	差油层
6	3625~3634	9	浅灰色荧光粉砂岩	C11~C37	C15~C19	1.07	0.44	0.44	1.86	3.76	差油层
7	3640~3642	2	浅灰色荧光细砂岩	C11~C36	C19	1.07	0.43	0.44	2.01	3.70	差油层
8	3642~3644	2	浅灰色荧光粉砂岩	C11~C34	C19	1.07	0.44	0.44	1.94	4.12	差油层

注:①Pr/Ph 为姥鲛烷与植烷的比值;②Pr/Nc17 为姥鲛烷与其相邻的正构烷烃(Nc17)之比;③Ph/C18 为植烷与其相邻的正构烷烃(C18)之比。

6.1.3 测井解释成果

通过对测井数据分析得出解释成果,如表 6-4 所示。

表 6-4 C102 井测井解释成果

层位	序号	顶深/m	底深/m	厚度/m	结论	自然电位/mV	自然伽马/API	阵列感应/(Ω·m)	深感应/(Ω·m)	声波时差/(μs·m⁻¹)
K_{1g3}	1	3577.5	3579.5	2.0	干层	46.993	81.742	4.491	6.126	67.001

续表

层位	序号	顶深/m	底深/m	厚度/m	结论	自然电位/mV	自然伽马/API	阵列感应/(Ω·m)	深感应/(Ω·m)	声波时差/(μs·m⁻¹)
	2	3582.8	3584.0	1.2	干层	47.046	83.955	4.835	4.156	77.934
	3	3587.5	3591.0	3.5	干层	44.002	71.760	3.877	6.818	72.034
	4	3601.0	3603.0	2.0	干层	37.020	55.803	3.285	3.739	75.097
	5	3616.0	3617.0	1.0	干层	47.761	71.281	7.613	11.350	72.496
	6	3623.0	3624.5	1.5	干层	45.338	100.555	8.851	8.744	76.202
K_1g_3	7	3630.0	3631.5	1.5	干层	37.509	67.276	18.620	27.872	72.105
	8	3633.0	3636.0	3.0	差油层	36.159	60.727	6.889	14.606	73.661
	9	3637.0	3640.0	3.0	差油层	39.909	60.099	4.605	8.446	76.918
	10	3655.0	3661.5	6.5	水层	136.630	64.604	2.536	2.280	82.949

6.1.4　中途试油数据

对 3630.2～3640.4 m、3582.9～3616.8 m 两层进行中途试油。其中，3630.2～3640.4 m 层段溢流，液性为油，密度为 0.8350 g/cm³，凝固点为 18 ℃，水性分析未发现地层水特征，无气，累计回收液体 13.4 m³（油为 11.1 m³，水为 2.3 m³），后期套管溢流产量为 3.9 m³/d，无气，暂定为低产油层。采用密度为 1.15 g/cm³ 的 $CaCl_2$ 盐水压井后试 3582.9～3616.8 m 不出，清水替盐水后仍不出，试油结束。

6.2　地层破裂压力分析与预测

1. 地层破裂压力试验

表 6-5 为目标地层的破裂压力测试结果。图 6-1 和图 6-2 所示分别为二开和三开地层破裂压力试验曲线，测试结果显示，C102 井 3661 m 破裂压力梯度为 0.0246 MPa/m。

表 6-5　C102 井地层破裂压力测试

地层	井深/m	套管鞋深度/m	泥浆密度/(g·cm⁻³)	泵入时间/(h:min)	泵入量/L	立管压力/MPa	当量泥浆密度/(g·cm⁻³)	备注
N_2n+N_1t	1205	1199.56	1.20	0:10	22	14	2.39	破裂
K_1g_3	3661	3654.78	1.95	0:09	36	20	2.51	破裂

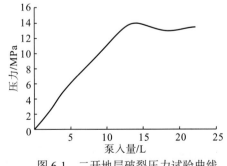

图 6-1　二开地层破裂压力试验曲线

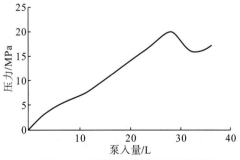

图 6-2　三开地层破裂压力试验曲线

2. 基于压裂施工资料的破裂梯度计算

由前期 C2、C3 和 C4 井的实际施工压力曲线分析,酒东探区地层破裂压力梯度为 0.024~0.025 MPa/m。

3. C102 井地层破裂压力计算

利用 C3 井测试的岩石力学参数和压裂施工资料计算该区块的岩石动态、静态力学参数转换关系和构造应力系数。采用地层应力分析软件计算 C102 井地层破裂压力和应力。取压裂段内的低值 3634~3639 m 的破裂压力求平均为 96 MPa,得地层破裂压力梯度 0.0263 MPa/m。

6.3 压裂改造可行性分析

6.3.1 压裂改造潜力评价

(1)中途测试与 K_1g_3 油藏试采测试获得较高初产,预示着处于构造高部位的 C102 井具备改造增产潜力。

中途试油测试显示,3630.2~3640.4 m 溢流,累计回收液体 13.4 m³(油为 11.1 m³,水为 2.3 m³),后期套管溢流产量为 3.9 m³/d,水性分析未发现地层水特征。

(2)邻井试油获得油气显示,进一步证实了 C2 区块的含油性,具备压裂改造的物质基础。C2-1 井之前对 3882.6~3891.0 m(7.4 m/2 层,K_1g_3)第一试油段进行试油,4 mm 油嘴初产为 177 m³/d,含水率为 45%,油压为 40 MPa,套压为 34 MPa。3 mm 油嘴生产,油压为 33 MPa,套压为 36 MPa,产液量为 148 m³/d,含水率为 58%,压后 8 个月累计产液 9813 m³。

(3)C102 井位于长 1 区块的构造高部位,从酒东的构造分析储油性较好。

下沟组 K_1g_2 普遍含有高压水,是油气成藏的分隔层,将白垩系分为 K_1g_3、K_1g_1 两个成藏系统。K_1g_1 原油属下部所生,而 K_1g_3 原油则是自生自储。

K_1g_3 顶部海拔由高到低,依次为 C102 井→酒参 1 井→长潜 1 井→C101 井。

(4)压裂增产效果的数值模拟评价。

长沙岭油田被南北向断层分割成许多小断块,不同断块的油层压力系数差异较大(K_1g_1 层段:C101-X 井压力系数为 1.67;C2 井压力系数为 1.61;C3 井压力系数为 1.46),初步认为不同的断块具有不同的压力系统。C102 井周围均被断层封闭,部分参数难以确定,加之前期压裂井基本无效,可借鉴的基础资料少,给压裂效果评价带来较大困难。

根据实测温度数据,酒东长沙岭地区温度与深度的关系方程如下:

$$T=27.0589+0.0254H \tag{6-1}$$

由式(6-1)计算出 C102 井压裂层段的地层温度为 119.4 ℃。

C102 井 K_1g_3 圈闭面积为 0.7 km²,折算单井控制泄油半径为 472 m。依据钻井 Dc 指数法(dc-exponent method)预测的地层压力为 57 MPa(取 3630~3640 m 平均)。中途试油资料确定的原油密度为 0.835 g/cm³，原油压缩系数为 39.69×10⁻⁴ MPa⁻¹，原油体积系数为 1.6(C3 井高压物性分析结果)。测试的地面原油 50 ℃时黏度值变化范围为 3.5～58.5 mPa·s，取地下原油黏度为 5 mPa·s。油层厚度为 6 m(玉门研究院解释结果)。渗透率、孔隙度按照 C2、C101、C101X、C7 和 C8 井 K₁g₃ 段储层物性平均(C202 井相对偏远且物性突然变差)，得到孔隙度为 9.4%，渗透率为 13.55×10⁻³ μm²。试油测试基本不含水，则水的渗透率为 0。生产压差取 25 MPa。表 6-6～表 6-9 为不同裂缝导流能力和缝长下的压后产量预测。

表 6-6　不同压裂裂缝长度的压后产量(导流能力为 20 μm²·cm)

压裂参数	10 天		30 天		90 天		180 天		360 天	
	日产量	累计量	日产量	累计量	日产量	累计量	日产量	累计量	日产量	累计量
不压裂	5.63	68.81	5.21	189.62	4.86	468.12	4.51	893.12	3.94	1648.67
缝长 30 m	10.56	142.64	9.11	359.58	8.12	834.02	7.30	1532.36	6.00	2720.62
缝长 60 m	10.89	146.06	9.31	368.57	8.28	852.33	7.52	1567.58	6.37	2809.68
缝长 90 m	10.97	146.46	9.39	370.85	8.34	857.89	7.63	1580.16	6.62	2854.72
缝长 120 m	10.99	146.49	9.43	371.68	8.37	860.79	7.69	1587.18	6.78	2881.82
缝长 150 m	10.99	146.48	9.45	371.94	8.39	862.37	7.73	1591.34	6.88	2898.77
缝长 180 m	10.99	146.46	9.46	371.98	8.41	863.12	7.75	1593.78	6.95	2909.25
缝长 210 m	10.99	146.45	9.46	371.98	8.41	863.41	7.77	1594.91	6.99	2914.75
缝长 240 m	10.99	146.45	9.46	371.97	8.42	863.59	7.78	1595.82	7.01	2918.57

注：日产量单位为 t/d；累计量单位为 t。

表 6-7　不同压裂裂缝长度的压后产量(导流能力为 30 μm²·cm)

压裂参数	10 天		30 天		90 天		180 天		360 天	
	日产量	累计量	日产量	累计量	日产量	累计量	日产量	累计量	日产量	累计量
不压裂	5.63	68.81	5.21	189.62	4.86	468.12	4.51	893.12	3.94	1648.67
缝长 30 m	11.60	159.40	9.91	396.34	8.76	909.69	7.80	1659.12	6.31	2918.40
缝长 60 m	12.14	165.44	10.25	411.6	9.02	940.84	8.12	1716.49	6.77	3047.32
缝长 90 m	12.28	166.23	10.37	415.49	9.11	950.21	8.27	1736.33	7.08	3108.82
缝长 120 m	12.31	166.32	10.44	416.95	9.17	955.09	8.36	1747.42	7.28	3145.95
缝长 150 m	12.32	166.31	10.47	417.45	9.21	957.71	8.41	1754.06	7.41	3169.27
缝长 180 m	12.32	166.30	10.48	417.56	9.23	958.97	8.45	1757.89	7.49	3183.65
缝长 210 m	12.32	166.29	10.49	417.56	9.24	959.43	8.47	1759.56	7.54	3191.19
缝长 240 m	12.32	166.29	10.49	417.56	9.25	959.74	8.48	1760.97	7.57	3196.51

注：日产量单位为 t/d；累计量单位为 t。

表 6-8　不同裂缝导流能力的压后产量（缝长为 90 m）

压裂参数	10 天		30 天		90 天		180 天		360 天	
	日产量	累计量	日产量	累计量	日产量	累计量	日产量	累计量	日产量	累计量
不压裂	5.63	68.81	5.21	189.62	4.86	468.12	4.51	893.12	3.94	1648.67
5 $\mu m^2 \cdot cm$	7.87	101.16	6.98	265.66	6.36	633.50	5.95	1191.06	5.34	2201.50
10 $\mu m^2 \cdot cm$	9.18	120.03	8.01	310.05	7.22	729.40	6.69	1359.06	5.92	2487.15
15 $\mu m^2 \cdot cm$	10.17	134.45	8.77	343.38	7.84	800.20	7.22	1481.49	6.32	2691.89
20 $\mu m^2 \cdot cm$	10.97	146.46	9.39	370.85	8.34	857.89	7.63	1580.16	6.62	2854.72
30 $\mu m^2 \cdot cm$	12.28	166.23	10.37	415.49	9.11	950.21	8.27	1736.33	7.08	3108.82
40 $\mu m^2 \cdot cm$	13.35	182.63	11.15	451.80	9.72	1024.04	8.77	1859.77	7.42	3306.63
50 $\mu m^2 \cdot cm$	14.27	196.92	11.81	483.00	10.22	1086.58	9.17	1963.29	7.69	3470.38

注：日产量单位为 t/d；累计量单位为 t。

表 6-9　不同裂缝导流能力的压后产量（缝长为 150 m）

压裂参数	10 天		30 天		90 天		180 天		360 天	
	日产量	累计量	日产量	累计量	日产量	累计量	日产量	累计量	日产量	累计量
不压裂	5.63	68.81	5.21	189.62	4.86	468.12	4.51	893.12	3.94	1648.67
5 $\mu m^2 \cdot cm$	7.87	101.14	7.00	265.91	6.38	634.76	5.99	1194.68	5.49	2221.62
10 $\mu m^2 \cdot cm$	9.19	120.01	8.04	310.52	7.25	731.55	6.75	1364.89	6.11	2515.41
15 $\mu m^2 \cdot cm$	10.18	134.45	8.82	344.13	7.88	803.40	7.30	1489.80	6.55	2728.00
20 $\mu m^2 \cdot cm$	10.99	146.48	9.45	371.94	8.39	862.37	7.73	1591.34	6.88	2898.77
30 $\mu m^2 \cdot cm$	12.32	166.31	10.47	417.45	9.21	957.71	8.41	1754.06	7.41	3169.27
40 $\mu m^2 \cdot cm$	13.42	182.85	11.30	454.97	9.86	1035.24	8.96	1885.02	7.82	3384.31
50 $\mu m^2 \cdot cm$	14.38	197.33	12.02	487.62	10.41	1102.07	9.41	1996.98	8.15	3566.20

注：日产量单位为 t/d；累计量单位为 t。

6.3.2　影响压裂改造效果的不确定因素分析

（1）长沙岭断鼻构造内的 K_1g_3、K_1g_1 油藏均为岩性-构造油藏，目前主要依靠天然弹性能量驱动。弹性驱动的能量有限，必然影响油井压后稳产能力。C102 井的原油压缩系数（影响弹性能量的关键参数）依据 C3 井高压物性分析结果确定。C3 井原油 PVT 性质分析的溶解气油比为 140.4，测试的油藏压力大、饱和程度高，溶解气量多，弹性能量强。但 C102 井中途测试未见气，使该井的实际弹性能更低，导致压后产量递减加快。

（2）实际地层的可动流体饱和度难以准确估计，导致压后效果的不确定性。

C3 井通过核磁共振分析可动流体表明：①岩心无效孔隙的比例较高，可动流体孔隙度低；②可动流体随岩心渗透率的降低而明显下降；③高渗岩心的可动流体饱和度较高，低渗岩心的大部分孔隙不能参与流动，不利于提高增产效果。

（3）试采表明目前 K_1g_3 油藏油井总体生产特征表现为初期压力、产量较高，但降产较快，稳产效果差。试采和实验测试证实储层存在强压敏及速敏特征。

6.3.3　压裂工程可行性

酒东探区前期已压裂了 C2、C3 和 C4 井，积累了宝贵的压裂实施经验。C102 井的目标层段为 3630.0～3640.4 m，预测地层破裂压力在 96 MPa 左右，比前期压裂井的目标层位更浅、施工难度相对小一些。采用适当的技术措施，该井实施压裂从工程上讲是可行的。

6.3.4　管柱强度校核

在施工限压为 90 MPa、排量为 3～4 m^3/min 的条件下进行管柱强度校核，如表 6-10 所示。

表 6-10　管柱强度校核（施工限压为 90 MPa）

管柱		抗拉强度与 最大轴向载荷的比值	许用抗内压强度与 实际载荷的比值	安全系数	结论
套管	$5^1/_2$"套管	2.689	2.064	1.2	安全
$2^7/_8$"+$3^1/_2$" 组合油管	$2^7/_8$"油管	3.273	2.738	1.5	安全
	$3^1/_2$"油管	2.157	1.562	1.5	安全

6.4　压裂改造的难点与对策

6.4.1　压裂改造的主要难点分析

（1）C2 断块的断层复杂，C2 断块下沟组 K_1g_3 段顶构造显示 C102 井离断层最近约 160 m，如果施工参数控制不当，则裂缝连通断层可能导致压裂后含水率增大。

（2）区块的岩性复杂，砂泥岩混存，黏土矿物含量较高，表现为强水敏特征，压裂过程中伤害大，对压裂液性能的防水敏性能要求高。

（3）岩石力学测试表明储层岩心抗压强度高、弹性模量高，岩心致密，裂缝延伸和扩张困难。

（4）岩石应力-应变曲线显示，储层岩石存在明显的塑性特征，导致支撑剂嵌入地层，降低压后裂缝导流能力。

（5）C3 井的地层应力测试数据和 C102 井的地应力计算数据均表明，地层的最小水平应力和垂向应力接近，可能导致压裂形成复杂的裂缝形态。

（6）压裂层段分 3 段射孔，可能造成压裂液在多个层内分流，造成多个裂缝同时延伸扩展，形成多条裂缝，使主裂缝扩展不充分，增加压裂施工风险。

（7）由于 C2 井层理、微裂缝较发育，不排除压裂层段发育有微裂缝，压裂施工过程中微裂缝在裂缝净压力的作用下张开，大大增加压裂液滤失，可能导致压裂早期砂堵。

（8）地层应力计算曲线（图 6-3）表明，压裂层段的上、下隔层条件一般，应注意裂缝高度的过快延伸问题。

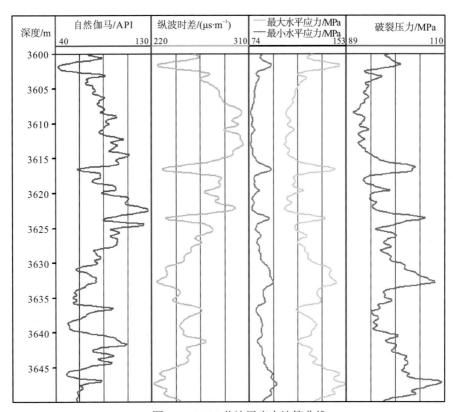

图6-3　C102井地层应力计算曲线

6.4.2　压裂改造的主要技术对策

(1)依据储层的构造分布，特别是井离断层的距离，加强压裂参数的优化设计，避免压裂连通断层。

(2)由于储层表现为一定的酸敏特性，不采取能降低破裂压力但却不能降低裂缝延伸压力的酸预处理技术措施。储层无碱敏，适合应用在碱性条件下交联的瓜尔胶压裂液体系。

(3)压裂射孔段下部3655～3661.5 m测井解释为水层(玉门研究院解释结果)，应避免裂缝下高延伸过大而连通水层。

(4)尽可能减少入地液量，减少压裂过程中水敏引起的二次伤害，前置液比例控制在45%以内。

(5)采用高效前置液15 m³进行预处理，减少储层矿物颗粒膨胀、脱落、运移。

(6)注前置液阶段，采用支撑剂段塞对裂缝进行打磨，防治和减少多裂缝的危害。

(7)主体采用20～40目陶粒降低支撑剂嵌入的影响，提高裂缝有效导流能力。

(8)依据优化设计结果采用较大规模的压裂液，充分改造储层。

(9)在确保井口安全和裂缝高度控制的前提下，适当提高施工排量，增加井底裂缝延伸净压力，有效撑开裂缝，降低加砂风险。

(10)充分估计储层压裂改造的难度，采取多套预案、施工时根据实时参数进行调整，确保施工成功。

6.5　压裂施工材料优选

6.5.1　支撑剂选择

1. 推荐的支撑剂

根据岩石力学参数及本井措施目的层以往压裂数据,取本次压裂目的层闭合压力约为 86 MPa,扣除井底流压因素(取 32 MPa),作用在支撑剂上的压力为 54 MPa 左右,采用强度高、破碎率低的宜兴中密度、高强度陶粒能够满足本井的需要。

2. 满足标准的其他支撑剂

推荐使用的 20/40 目高强度陶粒的主要性能指标如表 6-11 所示。

表 6-11　高强度陶粒的主要性能指标

名称	体积密度/$(t·m^{-3})$	视密度/$(t·m^{-3})$	圆度	抗破碎能力(69MPa)/%
20/40 目高强度陶粒	≤1.80	≤3.35	>0.8	<10

3. 粉陶选择

推荐使用的 70/100 目高强度陶粒的主要性能指标如表 6-12 所示。

表 6-12　高强度陶粒的主要性能指标

名称	体积密度/$(t·m^{-3})$	视密度/$(t·m^{-3})$
70/100 目高强度陶粒	≤1.80	≤3.35

6.5.2　压裂液体系优选

由于压裂区块的断层发育、单层厚度薄、储层物性差异大、地层温度大于 120 ℃、构造应力复杂,导致该井的施工难度大,因此首选性能优良的瓜尔胶压裂液体系。

本井瓜尔胶压裂液性能要求如下:

(1)液体造缝性能良好,基液黏度在 170 s^{-1} 剪切速率下应达到 70 mPa·s。

(2)储层温度为 120 ℃,应采用中高温、抗剪切压裂液体系。

(3)埋深为 3600 m,压裂液延迟交联时间应大于 180 s,有效降低井筒摩阻,排量为 3～4 m^3/min 时,88.9 mm 管柱压裂液摩阻为相同条件下清水摩阻的 40%～50%。

(4)储层水敏性黏土矿物含量高,要求压裂液长效防膨率大于 75%。

(5)储层低孔、低渗,要求压裂液体系易返排,破胶液表面张力小于 28 mN/m。

(6)压裂液体系伤害低,在闭合压力下,压裂液残渣对裂缝导流能力的伤害小于 30%。

调整出压裂液优化配方:(0.54%～0.56%)HPG+1.0%BA1-13+1.0%BA1-5+0.5%BA1-26+0.15%Na_2CO_3+0.1%BA2-3。

6.6 压裂参数设计

6.6.1 裂缝参数优化

模拟表明,从不同条件下裂缝长度、裂缝导流能力对压后产量及累计产油量的影响来看,裂缝导流能力对压后效果的影响更为明显。裂缝长度增加到 150 m 后的压后产油量基本不再增加。但是随着导流能力的增强,压后产油量呈现增加的趋势。

由于 C3 井测试的最大主应力方向为北东—南西向,若 C102 井的最大主应力方向也为北东—南西向,则 C102 井至偏南断层的距离约为 160 m,则单翼裂缝长度设计的上限应为 160 m。基于产量模拟结果,为确保不压穿断层,设计裂缝半长为 120 m 左右。考虑实际加砂难度和现场操作性,设计裂缝导流能力为 30 μm²·cm 左右。

6.6.2 施工排量优化

依据井口施工压力预测和施工排量对缝高的影响进行压裂施工排量设计。

本井压裂施工过程中的近井筒摩阻估算为 2.5 MPa,孔眼摩阻估算为 1.0 MPa。预测地层破裂时的最高井口施工压力如表 6-13 所示。按照施工限压 90 MPa,施工排量可设计为 3.5 m³/min。由前面计算可知,裂缝延伸压力约取 93 MPa(高于闭合压力 5 MPa),则在压开地层后施工排量还可提高到 4 m³/min。在限压 90 MPa 时,本井设计排量为 3~4 m³/min。

表 6-13　施工压力预测

排量 /(m³·min⁻¹)	施工井段中部深度 /m	施工井段垂深 /m	破裂压力 /MPa	液柱压力 /MPa	摩阻 /MPa			预测破裂时井口施工压力 /MPa
					井筒	节流	近井+孔眼	
2.3					11.1	1.1		74.3
3.0					18.2	1.9		82.2
3.5					21.7	2.6		86.4
4.0	3635.2	3635.2	96.0	36.4	25.4	3.4	2.5	90.9
4.5					29.6	4.3		96.0
5.0					34.4	5.3		101.8
5.5					39.8	6.4		108.3

施工排量是影响裂缝高度的关键可控参数。依据设计的裂缝参数,采用压裂优化设计软件进行模拟设计,初步推荐本井层压裂施工的规模:前置液为 85 m³,携砂液为 100 m³,陶粒为 20 m³(20/40 目)。模拟不同施工排量下的裂缝高度变化趋势,如图 6-4 所示,随着施工排量的增大,压裂裂缝高度增加。在限压范围内施工排量取 4.0 m³/min 的裂缝上、下高度分别为 16.7 m、11.3 m,即使在施工排量达到 5.5 m³/min,压裂裂缝的上高和下高分别为 24.1 m、15.3 m 时,也不会沟通与压裂层段中部相距 20 m 的下部水层。因此,本井

压裂无须考虑施工排量过大连通水层的问题,在限压范围内可适当提高施工排量增加有效缝宽,降低加砂风险。

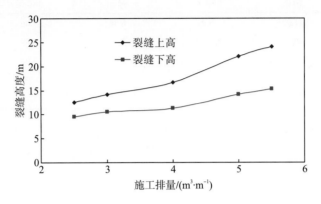

图 6-4 裂缝高度与施工排量的关系

6.6.3 压裂施工规模的确定

依据设计的裂缝参数,采用压裂优化设计软件进行模拟设计,推荐本井层压裂施工的规模如下:

(1)前置液:85 m^3。

(2)携砂液:100 m^3。

(3)陶粒:20 m^3(20/40 目),粉陶:1 m^3(70/100 目)。

(4)顶替液:16.9 m^3。

6.6.4 压后参数预测

采用上面的压裂设计参数,考虑 5 套预案确定施工泵注程序。模拟得到压裂施工后的裂缝参数,如表 6-14 所示;不同方案压裂后的产量预测如表 6-15 所示。需要说明的是,由于地层的复杂性、输入参数众多、软件模型的局限性等,可能导致预测的压后参数与实际存在较大偏差。

表 6-14 模拟的裂缝参数

方案	排量/($m^3 \cdot min^{-1}$)	缝高/m		支撑缝长/m	缝宽/mm
		上高	下高		
方案一	3.5~4.0	16.8	11.3	113.4	3.29
方案二	3.5~4.0	14.5	10.4	109.0	2.91
方案三	3.5~4.0	14.1	10.2	107.8	2.98
方案四	2.5	9.5	7.6	99.0	2.43
方案五	3.0	10.7	8.3	99.4	2.57

表 6-15　不同方案压裂后的产量预测　　　　　　　（单位：t/d）

方案	不同天数产量预测				
	10 天	30 天	90 天	180 天	360 天
方案一	11.02	9.41	8.36	7.66	6.70
方案二	10.83	8.47	7.52	6.89	6.03
方案三	10.92	8.63	7.67	7.03	6.15
方案四	10.17	6.12	5.43	4.98	4.36
方案五	10.56	7.06	6.27	5.75	5.03

6.7　压前施工准备

（1）压裂设备。

本次压裂所需的设备如表 6-16 所示。

表 6-16　压裂设备汇总

主压车/套	混砂车/台	仪表车/台	管汇车/台	砂罐车/台	压裂罐/车
1	1	1	1	2	6 个 40 m³ 罐车装压裂液 1 个 15 m³ 罐车装防膨液 1 个 15 m³ 罐车装活性水
备注			按施工限压 88MPa、泵注排量 4.5m³/min 配备压裂车辆。 其他辅助车辆根据需要添加		

（2）支撑剂准备。

本次压裂所需的支撑剂如表 6-17 所示。

表 6-17　压裂用陶粒用量汇总

序号	名称	密度/(g·cm⁻³)	用量/m³
1	高强度陶粒(20/40 目)	≤1.80	20
2	高强度陶粒(70/100 目)	≤1.80	1

（3）预处理液（15 m³）。

预处理液配方：2.0%KCl+2.0%BA1-13+1.0%BA1-5，本次压裂所需的预处理液药剂如表 6-18 所示。

表 6-18　预处理液药剂汇总

序号	代号	浓度[①]/%	用量/t	备料/t
1	KCl	2.0	0.3	0.3
2	BA1-13	2.0	0.3	0.3
3	BA1-5	1.0	0.15	0.15
4	清水	—	14.5	14.5

---

① 本章的浓度为：药剂质量/液体体积，也叫质量体积浓度，单位 t/m³，一般用%表示。

(4)压裂液准备。

西南石油大学准备瓜尔胶压裂液(备 240 m³),或压裂液配方由液体提供方另出,压裂液配液和施工由液体提供方进行现场指导。本次压裂所需的压裂液药剂如表 6-19 所示。

表 6-19　压裂液药剂汇总

序号	代号	浓度/%	用量/t	备料/t
1	瓜尔胶	0.56	1.35	1.35
2	BA1-13	1.0	2.4	2.4
3	BA1-26	0.5	1.2	1.2
4	BA1-5	1.0	2.4	2.4
5	BA2-3	0.1	0.24	0.24
6	BA1-21	0.50(V/V)	1.45	1.45
7	KCl	2.0	4.8	4.8
8	Na_2CO_3	0.15	0.36	0.36
9	胶囊破胶剂		0.01	0.01
10	过硫酸铵		0.05	0.05

(5)作业准备队。

备 700 型水泥车 1 台,进行验封和打平衡。备活性水 1 罐(15 m³)。

(6)压裂施工准备。

①对压裂目的层段 3630.0～3640.4 m 进行射孔。

②起出井下管、杆柱。

③下 $3\frac{1}{2}''$ P110 油管×3380 m+$2\frac{7}{8}''$ P110 油管×160 m 带封隔器(3525±5) m(避开套管接箍位置),油管管鞋位置为(3540±5) m。

④上提并按附图完成压裂施工管柱,下井管柱必须认真检查、丈量准确,油管必须是 P110 新油管,变换接头强度要求合格,丝扣涂密封脂上紧,保证不刺、不漏、不断脱。要求封隔器耐压差不低于 50 MPa,耐温不低于 120 ℃。

⑤装 1050 型压裂井口、1000 型四通底座(必须有合格证),用四道绷绳固定在地锚上。

6.8　压裂施工程序

(1)摆好压裂设备,连接施工管线,管线及井口试压 90 MPa。

(2)压裂施工注意事项。

①监测油套管压力,施工限压 88 MPa。

②套管建立平衡压力为 20～30 MPa,视施工压力变化和封隔器耐压情况调整平衡压力。

③按照设计施工,优先执行方案一,根据施工参数变化情况执行相应程序。

④施工过程中要保持排量恒定,根据施工压力的变化情况,由现场施工领导小组确定

是否提高排量，若要提高排量，则必须在加砂前完成，并尽可能保证加砂时排量不低于
3.0 m³/min。

⑤加砂过程中要求加砂平稳、逐渐增加砂量，特别注意砂罐车衔接保证加砂的连续，
同时不能出现砂比的大幅度波动。

⑥顶替液计算未考虑地面管线的液量。

（3）泵注程序。

①优先执行方案一（表 6-20），预计以排量 3.5～4.0 m³/min、井口压力 78～85 MPa 能
顺利完成施工。

表 6-20　压裂施工泵注程序（方案一）

阶段	净液量 /m³	砂比 /(kg·m⁻³)	砂比 /%	砂量 /m³	砂液量 /m³	加砂阶段累计砂液量 /m³	排量 /(m³·min⁻¹)	阶段时间 /min	备注
前置液	15				15		1.0～2.0	10.0	防膨液
	30				30		3.5～4.0	7.5	冻胶
	20	87	5	1.0	20.5		3.5～4.0	5.1	20/40，冻胶
	35				35		3.5～4.0	8.8	冻胶
携砂液	10	121	7	0.7	10.4	10.4	3.5～4.0	2.6	20/40 目，冻胶
	10	190	11	1.1	10.6	21.0	3.5～4.0	2.6	20/40 目，冻胶
	20	260	15	3.0	21.6	42.6	3.5～4.0	5.4	20/40 目，冻胶
	20	329	19	3.8	22.1	64.7	3.5～4.0	5.5	20/40 目，冻胶
	20	398	23	4.6	22.5	87.2	3.5～4.0	5.6	20/40 目，冻胶
	15	484	28	4.2	17.3	104.5	3.5～4.0	4.3	20/40 目，冻胶
	5	554	32	1.6	5.9	110.4	3.5～4.0	1.5	20/40 目，冻胶
顶替液	16.9				16.9		3.5～4.0	4.2	基液
合计	216.9		20.0		227.7			63.2	

②若在执行方案一的加砂阶段施工压力对砂比敏感，则控制加砂的砂比和加砂台阶，
执行方案二（表 6-21）。

表 6-21　压裂施工泵注程序（方案二）

阶段	净液量 /m³	砂比 /(kg·m⁻³)	砂比 /%	砂量 /m³	砂液量 /m³	加砂阶段累计砂液量 /m³	排量 /(m³·min⁻¹)	阶段时间 /min	备注
前置液	15				15		1.0～2.0	10.0	防膨液
	30				30		3.5～4.0	7.5	冻胶
	20	87	5	1	20.5		3.5～4.0	5.1	20/40 目，冻胶
	35				35		3.5～4.0	8.8	冻胶
携砂液	10	121	7	0.7	10.4	10.4	3.5～4.0	2.6	20/40 目，冻胶
	10	190	11	1.1	10.6	21.0	3.5～4.0	2.6	20/40 目，冻胶

续表

阶段	净液量/m³	砂比/(kg·m⁻³)	砂比/%	砂量/m³	砂液量/m³	加砂阶段累计砂液量/m³	排量/(m³·min⁻¹)	阶段时间/min	备注
	20	260	15	3.0	21.6	42.6	3.5~4.0	5.4	20/40 目，冻胶
	20	311	18	3.6	21.9	64.5	3.5~4.0	5.5	20/40 目，冻胶
携砂液	20	346	20	4.0	22.2	86.7	3.5~4.0	5.5	20/40 目，冻胶
	15	381	22	3.3	16.8	103.5	3.5~4.0	4.2	20/40 目，冻胶
	5	433	25	1.3	5.7	109.2	3.5~4.0	1.4	20/40 目，冻胶
顶替液	16.9				16.9		3.5~4.0	4.2	基液
合计	216.9			18.0	226.6			62.9	

③若注前置液阶段压开地层后，排量提高到 4 m³/min 时的施工压力低于 78 MPa，则采用粉陶降滤，执行方案三（表 6-22）。

表 6-22　压裂施工泵注程序（方案三）

阶段	净液量/m³	砂比/(kg·m⁻³)	砂比/%	砂量/m³	砂液量/m³	加砂阶段累计砂液量/m³	排量/(m³·min⁻¹)	阶段时间/min	备注
	15				15		1.0~2.0	10.0	防膨液
前置液	30				30		3.5~4.0	7.5	冻胶
	20	87	5	1	20.5		3.5~4.0	5.1	70/100 目，冻胶
	35				35		3.5~4.0	8.8	冻胶
	10	121	7	0.7	10.4	10.4	3.5~4.0	2.6	20/40 目，冻胶
	10	190	11	1.1	10.6	21.0	3.5~4.0	2.6	20/40 目，冻胶
	20	260	15	3.0	21.6	42.6	3.5~4.0	5.4	20/40 目，冻胶
携砂液	20	329	19	3.8	22.1	64.7	3.5~4.0	5.5	20/40 目，冻胶
	20	398	23	4.6	22.5	87.2	3.5~4.0	5.6	20/40 目，冻胶
	15	450	26	3.9	17.1	104.3	3.5~4.0	4.3	20/40 目，冻胶
	5	484	28	1.4	5.8	110.1	3.5~4.0	1.4	20/40 目，冻胶
顶替液	16.9				16.9		3.5~4.0	4.2	基液
合计	216.9			18.5+1	227.4			63.1	

④若注前置液阶段在压力接近 85 MPa 时的排量仅能提高至 2.5 m³/min，则执行方案四（表 6-23）。

表 6-23　压裂施工泵注程序（方案四）

阶段	净液量/m³	砂比/(kg·m⁻³)	砂比/%	砂量/m³	砂液量/m³	加砂阶段累计砂液量/m³	排量/(m³·min⁻¹)	阶段时间/min	备注
前置液	15				15		1.0~2.0	10.0	防膨液
	35				35		2.5	14.0	冻胶

续表

阶段	净液量/m³	砂比/(kg·m⁻³)	砂比/%	砂量/m³	砂液量/m³	加砂阶段累计砂液量/m³	排量/(m³·min⁻¹)	阶段时间/min	备注
	14	87	5	0.7	14.4		2.5	5.8	20/40目，冻胶
	36				36		2.5	14.4	冻胶
携砂液	10	121	7	0.7	10.4	10.4	2.5	4.2	20/40目，冻胶
	10	156	9	0.9	10.5	20.9	2.5	4.2	20/40目，冻胶
	20	190	11	2.2	21.2	42.1	2.5	8.5	20/40目，冻胶
	20	225	13	2.6	21.4	63.5	2.5	8.6	20/40目，冻胶
	20	242	14	2.8	21.5	85.0	2.5	8.6	20/40目，冻胶
	15	260	15	2.3	16.2	101.2	2.5	6.5	20/40目，冻胶
	5	277	16	0.8	5.4	106.6	2.5	2.2	20/40目，冻胶
顶替液	16.9				16.9		2.5	6.8	基液
合计	216.9			13.0	223.9			93.6	

⑤若注前置液阶段在压力接近 85 MPa 时的排量仅能提高至 3.0 m³/min，则执行方案五（表 6-24）。

表 6-24　压裂施工泵注程序（方案五）

阶段	净液量/m³	砂比/(kg·m⁻³)	砂比/%	砂量/m³	砂液量/m³	加砂阶段累计砂液量/m³	排量/(m³·min⁻¹)	阶段时间/min	备注
前置液	15				15		1.0~2.0	10.0	防膨液
	35				35		3.0	11.7	冻胶
	16	87	5	0.8	16.4		3.0	5.5	20/40目，冻胶
	34				34		3.0	11.3	冻胶
携砂液	10	121	7	0.7	10.4	10.4	3.0	3.5	20/40目，冻胶
	10	173	10	1.0	10.5	20.9	3.0	3.5	20/40目，冻胶
	20	225	13	2.6	21.4	42.3	3.0	7.1	20/40目，冻胶
	20	260	15	3.0	21.6	63.9	3.0	7.2	20/40目，冻胶
	20	277	16	3.2	21.7	85.6	3.0	7.2	20/40目，冻胶
	15	311	18	2.7	16.5	102.1	3.0	5.5	20/40目，冻胶
	5	346	20	1.0	5.5	107.6	3.0	1.8	20/40目，冻胶
顶替液	16.9				16.9		3.0	5.6	基液
合计	216.9			15.0	225.0			80.0	

6.9　压裂管柱示意图

本次压裂施工设计管柱结构图如图 6-5 所示。

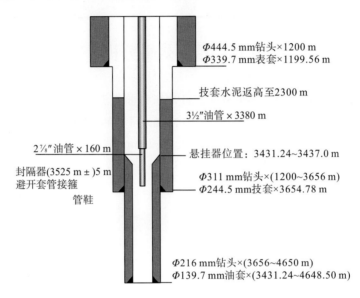

图 6-5　压裂施工设计管柱结构图

6.10　现场实施分析

表 6-25 为酒东压裂设计参数与实施参数对比数据表，实施的 3 口井均按设计完成了加砂任务。表 6-26 为压裂施工摩阻统计。C7 井预测施工压力为 78～83 MPa，实际施工压力为 72～82 MPa。C3 井第一次压裂施工未将地层压开，研究决定对 4183.4～4188.0 m、4190.3～4191.7 m、4208.6～4211.4 m 共 8.8 m/3 层，采用 SQ102 型射孔枪配 127 弹实施油管传输射孔，孔密度为 12 孔/m，相位角为 60°，并采用 6.0 m³ 盐酸进行预处理。C3 井第二次压裂施工在压裂液已放置一周后顺利完成。另外，C7 井压裂层段下部套管的口袋容积为 0.22 m³，C102 井遇到裂缝降排量后仍然顺利加完砂，C3 井加砂过程中泵压明显下降，表明优化调试的压裂液性能良好。

表 6-25　酒东压裂设计参数与实施参数对比

序号	井号	施工井段/m	有效厚度/(m/层)	设计加砂量/m³	实际加砂量20/40 目/m³	加砂强度/(m³·m⁻¹)
1	C7	3853.2～3876.7	10.3 m/6 层	16.3～25	20.3	1.97
2	C102	3630～3640.4	7.9 m/3 层	13～20	17.5	2.22
3	C3	4180～4211.4	8.8 m/3 层(重复补孔)	22～27	21.9	2.49

表 6-26　施工摩阻统计

序号	井号	施工井段/m	排量/(m³·min⁻¹)	摩阻/MPa	摩阻系数/(MPa·km⁻¹)
1	C7	3853.2～3876.7	4.0	22	5.8
2	C102	3630～3640.4	4.0	19	5.3
3	C3	4180～4211.4	3.8	20	4.8

6.11　压后效果分析

C7 井自喷投产，经过两年多的开采，此次压裂前已无产量，压裂后采用 2 mm 油嘴控制放喷，稳定油压为 1.7 MPa，套压为 10.5 MPa，日产油 12 m³。C102 井射开后不出液，压前地面 50 MPa 下地层不吸液，压裂后采用 2 mm 油嘴控制放喷，目前稳定油压为 5.0 MPa，日产油 23.8 m³。C3 井压裂后采用 3 mm 油嘴放喷，目前稳定油压为 1.1 MPa，套压为 9.5 MPa，日产液 8.6 m³，含水率为 41.9%。

第7章 K₁g₁储层单井压裂设计与现场实施分析

本章以 C18 井为例，进行酒东探区 K_1g_1 压裂方案设计与实施分析。

C18 井是酒泉盆地酒东拗陷营尔凹陷下河清构造上的一口预探井，井型为直井，钻探目的是预探长沙岭构造 C3 区块 C18 构造-岩性圈闭 K_1g_1 段的含油气性。依据钻采工程研究院提供的试油设计，决定对该井下沟组 K_1g_1 段 4967.4～4971.3 m 共 3.9 m/1 层进行压裂改造。

7.1 油井基础数据

7.1.1 基本数据

目标油井的基本数据如表 7-1 所示。

表 7-1 油井基本数据

完钻层位	K_1g_1	设计井深/m	5200	完钻井深/m	5200		
人工井底/m	5064.1	完井方法	射孔	通井情况			
井身结构数据					地层分层数据		
井身结构	表层套管	技术套管	油层(尾)管		地层		底深/m
钻头/mm	444.5	311	216		K_1z		4332
钻深/m	602.5	3519	5200		K_1g_3		4441
套管/mm	339.7	244.5	141.62+139.7		K_1g_2		4714
下深/m	602.3	3517.5	5098		K_1g_1		5200
钢级	J55	P110	TP155+P110				
壁厚/mm	8.94	11.05	11.5+9.17				
扣型	STC	LTC	LTC		套补距/m		9.0
水泥返深/m	地面	2500	2225m		105 采油树、70 套管头		
射孔层位	射孔层段/m	厚度/m	总孔数	孔密度/(孔·m⁻¹)	枪型	弹型	备注
K_1g_1	4967.4～4971.3	3.9	63	16	SQ102-12-60	DP41HMX38-1A	暂定低产油层

7.1.2 钻井简况

2012 年 3 月 22 日，采用 ϕ444.5 mm 3A 钻头、坂土钻井液自圆井深 14.00 m 第一次开钻，3 月 25 日钻至井深 602.50 m 第一次完钻。下入 ϕ339.7 mm 表层套管至井深 602.3 m，

水泥浆返出地面。3 月 28 日，采用 ϕ311 mm 3A 钻头、阳离子聚合物钻井液第二次开钻。4 月 27 日钻至井深 3519.00 m 第二次完钻。下入 ϕ244.5 mm 技术套管，至井深 3517.50 m。5 月 2 日，采用 ϕ216 mm 3A 钻头、阳离子聚合物钻井液第三次开钻。7 月 30 日钻至井深 5200 m 达到钻探目的完钻。8 月 1～2 日完井测井；8 月 3 日通井，8 月 4 日下套管；8 月 5 日固井；8 月 6 日候凝；8 月 7 日 15:00 测声幅完井，建井周期为 139 天。表 7-2 为各井段钻井液的使用情况统计表。

表 7-2   C18 井各井段钻井液的使用情况统计表

地层	井段/m	钻井液体系	钻井液性能			
			密度/(g·cm⁻³)	黏度/(mPa·s)	失水/mL	氯离子含量/(mg·L⁻¹)
K_1z	4100～4332	阳离子聚合物	1.82～1.93	83～93	2～3	5325～6745
K_1g_3	4332～4441	阳离子聚合物	1.95～1.96	90～95	2～3	6745～7810
K_1g_2	4441～4714	阳离子聚合物	1.95～1.98	95～120	2	7100～8165
K_1g_1	4714～5200	阳离子聚合物	1.98～2.13	110～180	2	8165～8875

7.1.3 录井成果

第三段：K_1g_1 上部；井段：4775～4777 m；跨度：2.0 m，共 2.0 m/1 层。

综合解释 13 号层：井段 4775～4777 m；视厚度为 2.0 m。

岩性为灰色荧光细砂岩，岩屑荧光湿、干呈暗黄色，含油岩屑占岩屑的 2%～5%，滴照呈亮黄色放射状扩散，浸泡溶液肉眼观察为淡黄色，荧光灯下为亮黄色，系列对比为 7 级，含油级别为荧光级。氯离子含量为 8165 mg/L。钻井液性能：密度由 1.98 g/cm³ 下降到 1.96 g/cm³，黏度由 110 s 上升到 120 s。

全烃含量最大为 26.759%，组分齐全。气测解释 13 号层为差油层。

热解气相色谱分析：气相色谱解释 13 号层为差油层。

录井综合解释：录井综合解释 13 号层为差油层。

第四段：K_1g_1 下部，井段为 4965～5050 m；跨度为 45.0 m，射孔段为 2.0 m/1 层。

综合解释 18 号层：井段为 4965～4967 m，视厚度为 2.0 m；20 号层：井段为 5014～5016 m，视厚度为 2.0 m；21 号层：井段为 5048～5050 m，视厚度为 2.0 m。

岩性为灰色、灰白色荧光细砂岩，岩屑荧光湿、干呈无色至暗黄色，含油岩屑占岩屑的 2%～5%，滴照呈亮黄色光圈-放射状扩散，浸泡溶液肉眼观察为无色至淡黄色，荧光灯下为亮黄色，系列对比为 6～7 级，含油级别为荧光级。氯离子含量为 8520 mg/L。钻井液性能：密度为 2.09～2.10 g/cm³，黏度为 125～150 mPa·s。

全烃含量最大为 0.780%～1.245%，组分齐全。气测解释 18 号层为差油层，20、21 号层为干层。

热解气相色谱分析：气相色谱解释 18 号层为差油层，20、21 号层为油水同层。

录井综合解释：录井综合解释 18 号层为差油层，20、21 号层为油水同层。

7.1.4　测井解释成果

表 7-3 为各井段的测井解释成果表。

表 7-3　测井解释成果表

层号	顶深/m	底深/m	厚度/m	自然伽马/API	阵列感应/(Ω·m)	深感应/(Ω·m)	声波时差/(μs·m⁻¹)	渗透率/×10⁻³μm²	含水饱和度	综合解释
13	4791.3	4792.9	1.6	69.90	5.51	6.87	69.41	46.14	0.35	干层
14	4958.4	4961.2	2.8	81.46	6.57	6.49	72.21	5.82	0.48	干层
15	4962.4	4964.1	1.7	85.25	4.38	4.09	72.26	2.10	0.57	干层
16	4964.5	4965.6	1.1	90.11	5.77	6.84	71.12	0.93	0.65	干层
17	4969.4	4971.0	1.6	72.32	3.49	5.44	69.97	9.08	1.00	可疑层
18	4972.7	4976.6	3.9	85.47	4.42	4.49	71.88	0.97	0.56	干层
19	4982.4	4983.7	1.3	95.92	6.34	5.70	71.83	0.13	0.77	干层
20	4990.4	4992.0	1.6	112.80	5.12	4.13	75.13	0.02	1.00	干层
21	5002.7	5004.8	2.1	99.66	5.03	4.60	72.46	0.06	0.87	干层
22	5017.8	5020.0	2.2	84.12	5.47	5.40	70.56	0.96	0.51	干层
23	5043.9	5045.8	1.9	97.25	5.49	5.53	72.22	0.29	0.81	干层

7.1.5　固井质量

表 7-4 为各井段的套管固井质量情况。

表 7-4　各井段的套管固井质量情况

顶部深度/m	底部深度/m	厚度/m	第一胶结界面	第二胶结界面
2722	2869	147	中—差	中
2869	3038	169	好	中
3038	3064	26	中—差	中
4637	4648	11	差	差
4648	4678	30	好	好
4678	4890	212	中—差	中
4890	5048	158	好—中	中

7.2　压裂改造可行性分析

7.2.1　地层破裂压力分析与预测

采用地层应力分析软件计算的 C18 井地层破裂压力和应力如表 7-5 及图 7-1 所示。取压裂层段 4967～4971 m 的破裂压力平均值为 122 MPa，得地层破裂压力梯度为 0.0246 MPa/m。后面计算井口压力时取地层破裂压力为 125 MPa。

表 7-5　C18 井地层破裂压力和应力分析计算

序号	深度/m	自然伽马/API	纵波时差/(μs·m⁻¹)	垂向应力/MPa	最小水平应力/MPa	破裂压力/MPa
1	4920	111.0532	269.4353	122.95	97.14	117.76
2	4921	114.596	251.0547	122.97	101.34	122.40
3	4922	110.7199	259.7406	123.00	99.23	119.82
4	4923	106.2402	250.4925	123.02	101.36	121.38
5	4924	111.2609	250.5049	123.04	101.46	122.13
6	4925	111.2594	244.6551	123.07	103.00	123.67
7	4926	109.3099	250.3387	123.09	101.50	121.92
8	4927	112.0262	281.6321	123.11	94.95	115.71
9	4928	109.5721	270.2186	123.14	97.06	117.54
10	4929	108.9505	249.8636	123.16	101.65	122.04
11	4930	99.2146	248.3889	123.18	101.83	120.91
12	4931	107.9361	269.1257	123.21	97.28	117.58
13	4932	103.2531	254.0845	123.23	100.53	120.20
14	4933	105.7755	234.8719	123.25	105.83	125.76
15	4934	111.5961	246.2132	123.27	102.71	123.45
16	4935	98.7693	247.7753	123.30	102.05	121.07
17	4936	105.0724	253.1480	123.32	100.85	120.77
18	4937	104.2830	242.8757	123.34	103.52	123.30
19	4938	112.4829	279.6711	123.37	95.46	116.31
20	4939	115.6898	253.0396	123.39	101.11	122.36
21	4940	112.6314	259.7520	123.41	99.51	120.39
22	4941	100.0334	282.5181	123.44	94.68	114.10
23	4942	106.2835	264.2725	123.46	98.41	118.53
24	4943	98.7596	255.2564	123.48	100.28	119.39
25	4944	115.3813	279.8388	123.51	95.58	116.75
26	4945	108.3286	280.6237	123.53	95.30	115.70
27	4946	106.8689	274.9870	123.55	96.31	116.54
28	4947	115.3965	293.9359	123.58	93.27	114.43
29	4948	117.0036	279.6727	123.60	95.70	117.05
30	4949	111.8086	271.0026	123.62	97.24	118.05
31	4950	113.5813	245.8855	123.64	103.05	124.09
32	4951	114.9427	249.8286	123.67	102.07	123.27
33	4952	109.5919	257.0126	123.69	100.25	120.79
34	4953	107.9594	253.4312	123.71	101.08	121.42
35	4954	116.8482	232.5802	123.74	106.97	128.48
36	4955	118.8893	259.5934	123.76	99.86	121.50
37	4956	116.6724	227.6262	123.78	108.60	130.11
38	4957	111.5738	221.2023	123.81	110.81	131.62
39	4958	111.5559	252.3878	123.83	101.47	122.28
40	4959	91.6544	229.1023	123.85	107.70	125.47
41	4960	79.8951	246.7987	123.88	102.00	118.13

续表

序号	深度/m	自然伽马/API	纵波时差/(μs·m⁻¹)	垂向应力/MPa	最小水平应力/MPa	破裂压力/MPa
42	4961	96.9317	260.1408	123.90	99.34	118.29
43	4962	114.4751	252.0222	123.92	101.67	122.84
44	4963	78.5694	291.1940	123.95	92.68	109.43
45	4964	94.9262	243.7210	123.97	103.43	121.94
46	4965	74.2228	255.4391	123.99	99.61	114.98
47	4966	110.4405	248.4858	124.01	102.54	123.24
48	4967	122.6499	260.7250	124.04	99.82	121.92
49	4968	87.7971	235.3057	124.06	105.72	122.97
50	4969	124.9452	261.1325	124.08	99.79	122.13
51	4970	62.6956	230.4730	124.11	106.07	118.29
52	4971	87.4090	230.0150	124.13	107.43	124.53
53	4972	117.2462	266.7361	124.15	98.53	120.02
54	4973	88.4053	266.3369	124.18	97.86	115.71
55	4974	81.1245	234.0904	124.20	105.93	122.01
56	4975	75.1258	252.1348	124.22	100.60	116.08
57	4976	97.4028	287.9344	124.25	94.15	113.39
58	4977	115.4062	257.2491	124.27	100.64	121.97
59	4978	128.7928	308.9509	124.29	91.83	114.29
60	4979	144.3301	306.1941	124.32	92.44	116.19
61	4980	100.6894	285.1974	124.34	94.77	114.40
62	4981	130.5800	265.3288	124.36	99.12	122.05
63	4982	133.0988	261.6776	124.38	99.93	123.14
64	4983	86.7662	242.7205	124.41	103.71	120.97
65	4984	126.5248	256.9096	124.43	100.96	123.55
66	4985	114.1888	272.9741	124.45	97.41	118.59
67	4986	101.0644	237.9365	124.48	105.55	124.98
68	4987	112.9204	262.4345	124.50	99.58	120.63
69	4988	115.9460	268.1305	124.52	98.44	119.84
70	4989	124.7437	283.0466	124.55	95.81	118.07
71	4990	143.9381	275.5436	124.57	97.37	121.44
72	4991	116.5964	274.5299	124.59	97.24	118.70
73	4992	106.7555	285.6978	124.62	95.02	115.40
74	4993	134.7800	330.8557	124.64	89.55	112.44
75	4994	137.4886	290.8907	124.66	94.78	118.15
76	4995	106.1042	265.8722	124.69	98.80	119.07
77	4996	116.8575	279.8877	124.71	96.32	117.82
78	4997	119.7196	270.5986	124.73	98.14	119.97
79	4998	113.6596	265.1666	124.75	99.16	120.33
80	4999	120.9770	248.7337	124.78	103.09	125.16
81	5000	104.3051	231.5972	124.80	107.75	127.66

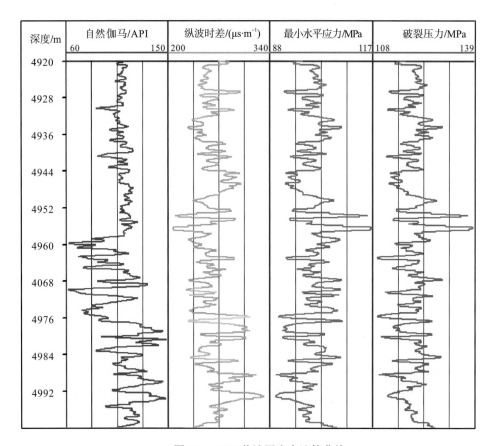

图 7-1   C18 井地层应力计算曲线

7.2.2   压裂工程可行性

如表 7-6 和表 7-7 所示，C4、C18 井在 K_1g_1 措施层位的自然伽马值、泥质含量接近，预测其破裂压力梯度应较为接近。C4 井 K_1g_1 层位的破裂压力梯度为 0.02496 MPa/m，由此推测 C18 井也应能够压开。

表 7-6   C4 井 K_1g_1 措施层段测井解释成果

层号	井段/m	自然伽马/API	补偿中子/pu	密度/(g·cm⁻³)	声波时差/(μs·m⁻¹)	深侧向电阻率/(Ω·m)	浅侧向电阻率/(Ω·m)	阵列感应/(Ω·m)	深感应/(Ω·m)	结论
22	4940.4~4942.0	83.1	8.7	2.61	195.2	7.6	8.2	5.1	6.4	干层
23	4946.8~4948.0	105.2	12.2	2.61	207.9	12.6	13.0	6.8	9.3	干层
24	4951.4~4952.8	110.5	16.4	2.61	210.2	10.3	9.8	5.3	6.5	干层
25	4958.0~4960.8	82.3	14.9	2.47	290.2	9.6	12.3	5.2	7.2	油层
26	4975.6~4978.8	97.3	16.0	2.54	260.3	9.0	10.5	5.3	6.9	差油层
27	5016.0~5018.6	88.1	6.1	2.59	248.1	13.9	18.8	6.9	9.1	差油层

表 7-7　C18 井 K₁g₁ 措施层段测井解释成果表

层号	顶深/m	底深/m	厚度/m	自然伽马 /API	阵列感应 /(Ω·m)	深感应 /(Ω·m)	声波时差 /(μs·m⁻¹)	渗透率 /(×10⁻³μm²)	含水 饱和度	综合 解释
15	4962.4	4964.1	1.7	85.25	4.38	4.09	72.26	2.10	0.57	干层
16	4964.5	4965.6	1.1	90.11	5.77	6.84	71.12	0.93	0.65	干层
17	4969.4	4971	1.6	72.32	3.49	5.44	69.97	9.08	1.00	可疑层
18	4972.7	4976.6	3.9	85.47	4.42	4.49	71.88	0.97	0.56	干层
19	4982.4	4983.7	1.3	95.92	6.34	5.70	71.83	0.13	0.77	干层

7.3　压裂改造的难点与对策

7.3.1　压裂改造的主要难点分析

(1) 本次压裂目的层的地层破裂压力高达 125 MPa，岩心岩石力学测试显示储层岩心抗压强度高、弹性模量高，裂缝延伸和扩张困难，裂缝宽度窄，井深沿程摩阻大，预测压裂过程中的井口压力接近甚至超过 92 MPa，对压裂井口和压裂车组的要求很高，施工风险大。

(2) 依据邻井 C4 井于 2007 年 4 月测试的 4979.50 m 处地层温度 154.87 ℃，计算本井本次压裂层段的最高温度为 153.0 ℃，要求压裂液具有良好的抗高温性能。

(3) 该井下沟组 K₁g₁ 段岩性复杂，岩石物性差，低孔低渗，水敏实验结果表现为中等偏强水敏特征，对压裂液的防水敏性能要求高。

(4) 钻至压裂目的层时的泥浆密度高达 2.1 g/cm³，钻完井过程中伤害大，加之射孔段较薄，地层吸液困难。

(5) C18 井周围存在多条断层，地下条件复杂，不排除 C18 井在压裂施工中连通天然裂缝的可能性，这样会大大增加滤失，增大加砂风险。

(6) 地层应力计算曲线表明，压裂层段的上、下隔层条件一般，应注意裂缝高度的过快延伸问题。

7.3.2　压裂改造的主要技术对策

(1) 浅下压裂管柱以降低压裂液沿程摩阻。管柱结构采用 $3\frac{1}{2}''$ P110 油管×3000 m，带封隔器 (2950±2) m。压裂液流出油管管鞋后通过 141.62 mm TP155 油层套管×(3000.0～4969.3 m) 到达目的层位射孔段。

(2) 主体采用 30/50 目高强度陶粒，砂比低起点，小增量，多观察，控制最高砂比，降低加砂风险。

(3) K₁g₁ 储层岩石物性差，存在一定的水敏性，应尽可能减少入地液量，减少压裂过程中水敏引起的二次伤害。但鉴于前期 C4 井压裂时滤失大，考虑到邻井压裂施工的难度，为确保造缝充分，前置液比例设计为 50%左右。

(4) 注前置液阶段，采用少量粉砂段塞对裂缝进行打磨，防治和减少多裂缝的危害。

(5) 依据储层的构造分布，特别是井离断层的距离，加强压裂参数的优化设计，避免压开连通断层。

(6) 在确保井口安全和裂缝高度控制的前提下，适当提高施工排量，增加井底裂缝延伸净压力，提高纵向压开程度，并有效撑开裂缝、降低加砂风险。

(7) 充分估计储层压裂改造的难度，采取多套预案，施工时根据实时参数进行调整，确保施工成功。

(8) 为预防压裂过程中出现的车组问题及加砂时液体余量不够的问题，多备 1 台或 2 台压裂泵车，并适当增加压裂液的备量。

7.4　压裂施工材料优选

根据岩石力学参数，取本次压裂目的层闭合压力为 110.0 MPa，扣除井底流压因素(取 40 MPa)，作用在支撑剂上的压力为 70.0 MPa 左右，采用性能优越、强度高的 CARBO 陶粒。

压裂液优化配方：0.55%HPG+0.44%BA1-13+0.44%BA1-5+0.44%BA1-26+0.11%BA1 -26B+1.0%KCl+0.11%BA2-3。

7.5　压裂参数设计

7.5.1　施工排量优化

表 7-8 为考虑 3 种摩阻时不同排量下的施工压力预测。

表 7-8　不同排量的施工压力预测

排量 /(m³·min⁻¹)	施工井段中部深度 /m	施工井段垂深 /m	破裂压力 /MPa	液柱压力 /MPa	摩阻/MPa			破裂时井口压力 /MPa	破裂后井口压力/MPa
					井筒	节流	近井+孔眼		
1.0					2.18	0.16		80.74	75.74
1.5					4.30	0.44		83.14	78.14
2.0	4969.4	4969.4	125	49.6	6.97	0.82	3.00	86.19	81.19
2.5					12.07	1.31		91.78	86.78
3.0					16.61	1.90		96.91	91.91
3.5					19.80	2.60		100.80	95.80

依据井口施工压力限制进行压裂施工排量设计。

本井压裂施工过程中的近井筒摩阻估算为 2.5 MPa，孔眼摩阻估算为 0.5 MPa。预测地层破裂和裂缝延伸时的最高井口压力，如表 7-8 所示。按照施工限压 95 MPa，压开地层的施工排量不超过 2.5 m³/min，地层压开后施工排量可设计为 3.0 m³/min。考虑到本次压裂层段的射孔厚度仅为 3.9 m，计施工排量为 2.0～3.0 m³/min。

7.5.2　压裂施工规模的确定

采用压裂优化设计软件进行模拟设计，推荐本井层压裂施工的规模如下。

(1) 前置液：105 m³。

(2) 携砂液：105 m³。

(3) 陶粒：16.0 m³（30/50 目）；粉陶：0.5 m³（70/100 目）。

(4) 顶替液：35.5 m³。

7.6　压前施工准备

(1) 支撑剂准备。本次压裂使用的支撑剂如表 7-9 所示。

表 7-9　压裂支撑剂汇总

序号	名称	密度/(g·cm⁻³)	用量/m³
1	高强度陶粒(30/50 目)	≤1.88	16
2	高强度陶粒(70/100 目)	≤1.88	0.5

(2) 压裂液准备（270 m³）。本次压裂使用的压裂液如表 7-10 所示。

表 7-10　压裂液药剂汇总

序号	代号	浓度/%	用量/t	备料/t
1	瓜尔胶	0.55	1.5	1.5
2	BA1-13	0.44	1.2	1.2
3	BA1-26	0.44	1.2	1.2
4	BA1-5	0.44	1.2	1.2
5	BA2-3	0.11	0.3	0.3
6	BA1-21	0.50(V/V)	1.62	1.8
7	KCl	1.0	2.7	3
8	BA1-26B	0.11	0.3	0.3
9	胶囊破胶剂	—	0.01	0.01
10	过硫酸铵	—	0.05	0.05

7.7　压裂施工程序

(1) 摆好压裂设备，连接施工管线，管线及井口试压为 120 MPa。

(2) 压裂施工注意事项。

①监测油套管压力，施工限压为 95 MPa。

②套管建立平衡压力为 25～40 MPa，视施工压力变化和封隔器耐压情况调整平衡压力。

③按照设计施工，优先执行方案一，根据施工参数变化情况执行相应程序。

④施工过程中要保持排量恒定，根据施工压力的变化情况，由现场施工领导小组确定是否提高排量，若要提高排量，则必须在加砂前完成，并尽可能保证加砂时排量不低于 2 m^3/min。

⑤加砂过程中要求加砂平稳、逐渐增加砂量，特别注意砂罐车衔接保证加砂的连续，同时不能出现砂比的大幅度波动。

⑥顶替液计算未考虑地面管线的液量。

(3)泵注程序。

①优先执行方案一(表 7-11)，预计以排量 2.0～3.0 m^3/min、井口压力 80～90 MPa 能顺利完成施工。

表 7-11　压裂施工泵注程序(方案一)

阶段	净液量 /m^3	砂比 /(kg·m^{-3})	体积比 /%	砂量 /m^3	砂液量 /m^3	加砂阶段累计砂液量 /m^3	排量 /(m^3·min^{-1})	阶段时间 /min	备注
	30				30.0		2.0～3.0	12.0	冻胶
前置液	10	87	5	0.5	10.3		2.0～3.0	4.1	70/100 目，冻胶
	65				65.0		2.0～3.0	26.0	冻胶
	10	121	7	0.7	10.4	10.4	2.0～3.0	4.2	30/50 目，冻胶
	30	190	11	3.3	31.8	42.2	2.0～3.0	12.7	30/50 目，冻胶
携砂液	20	260	15	3.0	21.6	63.8	2.0～3.0	8.6	30/50 目，冻胶
	20	311	18	3.6	21.9	85.7	2.0～3.0	8.8	30/50 目，冻胶
	20	363	21	4.2	22.3	108.0	2.0～3.0	8.9	30/50 目，冻胶
	5	415	24	1.2	5.6	113.6	2.0～3.0	2.3	30/50 目，冻胶
顶替液	35.5				35.5		2.0～3.0	14.2	基液
合计	245.5			0.5+16.0	254.4			101.8	

②若在执行方案一的加砂阶段，施工压力对砂比敏感，则控制加砂的砂比和加砂台阶，执行方案二(表 7-12)。

表 7-12　压裂施工泵注程序(方案二)

阶段	净液量 /m^3	砂比 /(kg·m^{-3})	体积比 /%	砂量 /m^3	砂液量 /m^3	加砂阶段累计砂液量 /m^3	排量 /(m^3·min^{-1})	阶段时间 /min	备注
前置液	30				30.0		2.0～3.0	12.0	冻胶

续表

阶段	净液量 /m³	砂比 /(kg·m⁻³)	体积比 /%	砂量 /m³	砂液量 /m³	加砂阶段累计砂液量 /m³	排量 /(m³·min⁻¹)	阶段时间 /min	备注
前置液	10	87	5	0.5	10.3		2.0~3.0	4.1	70/100 目，冻胶
	65				65.0		2.0~3.0	26.0	冻胶
携砂液	10	121	7	0.7	10.4	10.4	2.0~3.0	4.2	30/50 目，冻胶
	30	190	11	3.3	31.8	42.2	2.0~3.0	12.7	30/50 目，冻胶
	20	225	13	2.6	21.4	63.6	2.0~3.0	8.6	30/50 目，冻胶
	22	260	15	3.3	23.8	87.3	2.0~3.0	9.5	30/50 目，冻胶
	20	294	17	3.4	21.8	109.2	2.0~3.0	8.7	30/50 目，冻胶
	3	346	20	0.6	3.3	112.5	2.0~3.0	1.3	30/50 目，冻胶
顶替液	35.5				35.5		2.0~3.0	14.2	基液
合计	245.5			0.5+13.9	253.3			101.3	

③若注前置液阶段压开地层后排量提高到 3 m³/min 的施工压力低于 80 MPa，则执行方案三(表 7-13)。

表 7-13　压裂施工泵注程序(方案三)

阶段	净液量 /m³	砂比 /(kg·m⁻³)	体积比 /%	砂量 /m³	砂液量 /m³	加砂阶段累计砂液量 /m³	排量 /(m³·min⁻¹)	阶段时间 /min	备注
前置液	30				30.0		2.0~3.0	12.0	冻胶
	10	87	5	0.5	10.3		2.0~3.0	4.1	70/100 目，冻胶
	65				65.0		2.0~3.0	26.0	冻胶
携砂液	10	121	7	0.7	10.4	10.4	2.0~3.0	4.2	30/50 目，冻胶
	30	190	11	3.3	31.8	42.2	2.0~3.0	12.7	30/50 目，冻胶
	20	225	13	2.6	21.4	63.6	2.0~3.0	8.6	30/50 目，冻胶
	20	260	15	3.0	21.6	85.2	2.0~3.0	8.6	30/50 目，冻胶
	20	294	17	3.4	21.8	107.0	2.0~3.0	8.7	30/50 目，冻胶
	5	329	19	1.0	5.5	112.5	2.0~3.0	2.2	30/50 目，冻胶
顶替液	35.5				35.5		2.0~3.0	14.2	基液
合计	245.5			0.5+14.0	253.3			101.3	

④若注前置液阶段在压力接近 85 MPa 时的排量仅能提高至 2.5 m³/min，则执行方案四(表 7-14)。

表 7-14　压裂施工泵注程序（方案四）

阶段	净液量/m³	砂比/(kg·m⁻³)	体积比/%	砂量/m³	砂液量/m³	加砂阶段累计砂液量/m³	排量/(m³·min⁻¹)	阶段时间/min	备注
前置液	30				30.0		2.0~2.5	13.3	冻胶
	10	87	5	0.5	10.3		2.0~2.5	4.6	70/100目，冻胶
	65				65.0		2.0~2.5	28.9	冻胶
携砂液	10	87	5	0.5	10.3	10.3	2.0~2.5	4.6	30/50目，冻胶
	20	156	9	1.8	21.0	31.2	2.0~2.5	9.3	30/50目，冻胶
	20	190	11	2.2	21.2	52.4	2.0~2.5	9.4	30/50目，冻胶
	30	225	13	3.9	32.1	84.5	2.0~2.5	14.3	30/50目，冻胶
	22	260	15	3.3	23.8	108.3	2.0~2.5	10.6	30/50目，冻胶
	3	311	18	0.5	3.3	111.6	2.0~2.5	1.5	30/50目，冻胶
顶替液	35.5				35.5		2.0~2.5	15.8	基液
合计	245.5			0.5+12.2	252.4			112.2	

⑤若注前置液阶段在压力接近 85 MPa 时的排量仅能提高至 2.0 m³/min，则执行方案五（表 7-15）。

表 7-15　压裂施工泵注程序（方案五）

阶段	净液量/m³	砂比/(kg·m⁻³)	体积比/%	砂量/m³	砂液量/m³	加砂阶段累计砂液量/m³	排量/(m³·min⁻¹)	阶段时间/min	备注
前置液	30				30.0		2.0	15.0	冻胶
	10	87	5	0.5	10.3		2.0	5.1	70/100目，冻胶
	65				65.0		2.0	32.5	冻胶
携砂液	10	87	5	0.5	10.3	10.3	2.0	5.1	30/50目，冻胶
	20	121	7	1.4	20.8	31.0	2.0	10.4	30/50目，冻胶
	20	156	9	1.8	21.0	52.0	2.0	10.5	30/50目，冻胶
	30	190	11	3.3	31.8	83.8	2.0	15.9	30/50目，冻胶
	22	225	13	2.9	23.5	107.3	2.0	11.8	30/50目，冻胶
	3	260	15	0.5	3.2	110.6	2.0	1.6	30/50目，冻胶
顶替液	35.5				35.5		2.0	17.8	基液
合计	245.5			0.5+10.3	251.3			125.7	

7.8　压裂管柱示意图

本次压裂施工设计管柱结构图如图 7-2 所示。

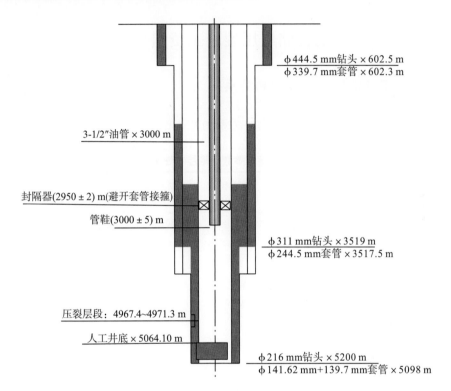

图 7-2　压裂施工设计管柱结构图

7.9　现场实施分析

启泵随着排量的增大，油压迅速上升，至 80 MPa 时地层被压开。

前置液泵注排量保持在 3 m^3/min 左右，地面注入压力保持在 78.05～80.60 MPa。泵入支撑剂段塞后，压力上升，说明支撑剂段塞有效防止了近井多裂缝产生。

在泵注携砂液阶段，泵注排量保持在 2.50～3.05 m^3/min；施工压力随静液柱比例增大而缓慢降低，保持在 74.8～80.1 MPa，反映出加砂比较顺畅。

前置液阶段施工排量在 3 m^3/min 左右，加入 1 m^3 粉陶后起到了降滤和打磨裂缝的作用，之后采用 1.2 m^3 30/50 目陶粒再次打磨。整个加砂过程非常顺利，油压呈逐渐下降趋势，最高砂比为 21%，加砂 35.7 m^3。

第8章 酒东区块压裂井稳产能力评价

8.1 K₁g₃储层压裂施工资料系统分析

8.1.1 施工参数与地层物性的关系

目标储层的压裂施工参数与地层物性关系如表 8-1 所示。

表 8-1 压裂施工参数与地层物性关系表（K₁g₃）

序号	施工层段/m	有效厚度/m	孔隙度/%	渗透率/(×10⁻³μm²)	地层系数/(×10⁻³μm²·m)	砂液比	排量/(m³·min⁻¹)	井口破裂压力/MPa
1	3853.2~3876.7	23.5	17.9	76.8	1803.9	0.155	4.00	80.22
2	3630.0~3640.4	10.4	9.4	13.6	140.9	0.159	3.20	78.60
3	4002.5~4005.5	3.0	11.7	2.3	6.9	0.183	3.50	87.71
4	4180.0~4211.4	14.3	13.8	41.3	590.1	0.163	3.60	83.62
5	4533.0~4552.7	6.4	14.0	35.0	224.0	0.133	2.70	87.71
6	3991.2~4006.4	15.2	15.0	1.0	15.2	0.133	2.70	85.83
7	4088.6~4100.1	5.1	9.0	3.9	19.9	—	—	>95.00
8	3884.6~3912.9	6.0	11.6	2.2	13.0	0.149	3.50	86.61
9	4156.4~4169.3	8.1	14.1	21.2	171.7	0.150	3.50	92.28
10	3646.0~3658.8	5.2	7.0	0.4	2.1	0.080	3.20	93.91
11	4003.0~4016.0	7.3	12.0	2.0	14.6	0.129	3.00	93.12
12	4295.80~4304.1	5.7	16.0	26.3	149.9	0.157	3.50	81.57
13	3724.3~3728.1	3.8	10.4	6.8	25.8	0.118	3.00	94.70
14	4278.8~4292.3	8.3	10.2	6.3	52.3	0.121	3.50	74.00
15	4484.0~4662.2	10.0	9.1	4.5	45.0	0.122	3.50	92.39
16	4533.9~4537.5	2.5	10.5	8.0	20.0	0.161	3.00	92.45
17	4477.5~4483.7	4.2	9.6	2.2	9.1	—	2.00	>105.00
18	4422.8~4435.3	5.9	20.0	119.3	703.9	0.077	2.50	95.78
19	4278.0~4286.6	6.1	13.0	13.0	79.3	0.135	3.60	83.90
20	4322.8~4327.8	5.0	11.0	8.1	40.5	0.120	3.36	90.50
21	4442.5~4447.5	5.0	14.0	17.1	85.5	—	2.50	>96.00
22	3853.2~3876.7	10.3	17.9	76.8	790.6	0.203	4.57	74.80
23	4108.9~4121.1	7.4	14.7	26.1	193.1	0.119	2.90	94.76
24	3724.3~3728.1	3.8	10.4	6.8	25.8	0.070	1.50	74.80

续表

序号	施工层段/m	有效厚度/m	孔隙度/%	渗透率/($\times 10^{-3}\mu m^2$)	地层系数/($\times 10^{-3}\mu m^2 \cdot m$)	砂液比	排量/($m^3 \cdot min^{-1}$)	井口破裂压力/MPa
25	3886.7~3912.9	6.0	11.6	2.2	13.0	0.270	3.42	94.80
26	4274.4~4278.3	3.0	14.0	24.6	73.8	0.141	3.06	81.83
27	4319.1~4325.3	6.2	9.9	2.8	17.5	0.139	2.66	94.76
28	4202.2~4205.2	3.0	12.1	14.5	43.5	0.153	3.60	88.48

图 8-1、图 8-2 反映了地层系数、渗透率与破裂压力之间的关系。K_1g_3 储层井口破裂压力范围为 74.0~105.0 MPa，平均不低于 88.4 MPa，井口破裂压力处于较高范围，施工风险大。从统计结果对比来看，破裂压力与地层系数、渗透率的相关性不明显。另外，破裂压力的变化范围较大，反映出 K_1g_3 储层物性差异大、非均质性强。

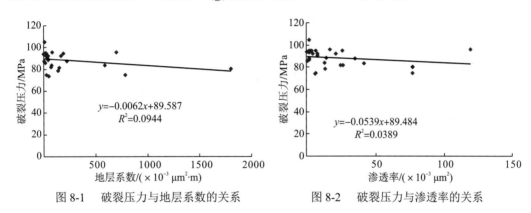

图 8-1　破裂压力与地层系数的关系　　　　图 8-2　破裂压力与渗透率的关系

图 8-3、图 8-4 反映了地层系数、渗透率与排量之间的关系。施工排量范围为 1.5~4.6 m^3/min，平均为 3.2 m^3/min。总体上，地层系数、渗透率较高时，地层的吸液能力强，需要较高的排量抑制高的地层滤失，以确保顺利加砂。

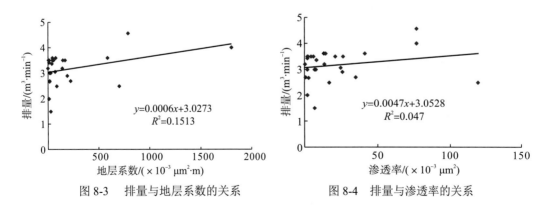

图 8-3　排量与地层系数的关系　　　　图 8-4　排量与渗透率的关系

图 8-5、图 8-6 反映了地层系数、渗透率与砂液比之间的关系。砂液比范围为 0.07~0.3，平均为 0.14。随着地层系数或渗透率的增大，砂液比总体趋势变化不明显，相关性不明显，说明设计砂液比时未充分考虑地层系数、渗透率因素。

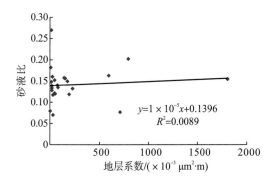

图 8-5　砂液比与地层系数的关系

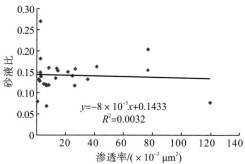

图 8-6　砂液比与渗透率的关系

8.1.2　压裂工艺技术措施分析

K_1g_3 储层压裂施工工艺技术措施统计如表 8-2 所示。

表 8-2　压裂施工工艺技术措施统计表（K_1g_3 储层）

序号	施工层段	有效厚度/m	渗透率/($\times10^{-3}\mu m^2$)	地层系数/($\times10^{-3}\mu m^2\cdot m$)	前置液比	加砂量/m^3	加砂强度/($m^3\cdot m^{-1}$)	段塞砂量/m^3	粉陶/m^3
1	3853.2~3876.7	23.5	76.8	1803.9	0.416	21.2	0.90	0.9	0.9
2	3630.0~3640.4	10.4	13.6	140.2	0.425	18.0	1.73	0.5	0.5
3	4002.5~4005.5	3.0	2.3	6.9	0.467	18.8	6.27	0.6	0.6
4	4180.0~4211.4	14.3	41.3	590.1	0.456	22.4	1.57	1.0	0.5
5	4533.0~4552.7	6.4	35.0	224.0	0.346	20.1	3.14	0.3	0.3
6	3991.2~4006.4	15.2	1.0	15.2	0.513	13.5	0.89	1.0	0.5
7	3884.6~3912.9	6.0	2.2	13.0	0.455	18.8	3.13	1.2	1.2
8	4156.4~4169.3	8.1	21.2	171.7	0.465	21.1	2.61	1.1	1.1
9	3646.0~3658.8	5.2	0.4	2.1	0.541	7.5	1.44	1.0	0.5
10	4003.0~4016.0	7.3	2.0	14.6	0.601	12.9	1.77	2.5	0.9
11	4295.8~4304.1	5.7	26.3	149.9	0.594	20.3	3.56	3.3	0.9
12	3724.3~3728.1	3.8	6.8	25.8	0.532	15.5	4.08	1.9	0.9
13	4278.8~4292.3	8.3	6.3	52.3	0.565	15.5	1.87	1.8	1.0
14	4484.0~4662.2	10.0	4.5	45.0	0.428	18.3	1.83	0.8	0.5
15	4533.9~4537.5	2.5	8.0	20.0	0.507	24.6	9.84	2.2	0.8
16	4422.8~4435.3	5.9	119.3	703.9	0.627	7.3	1.24	0.8	0
17	4278.0~4286.6	6.1	13.0	79.3	0.494	25.0	4.10	4.4	2.0
18	4322.8~4327.8	5.0	8.1	40.5	0.519	17.5	3.50	2.6	0.5
19	3853.2~3876.7	10.3	76.8	790.6	0.354	39.0	3.79	3.4	1.0
20	4108.9~4121.1	7.4	26.1	193.1	0.490	16.2	2.19	2.8	0.8
21	3886.7~3912.9	6.0	2.2	13.0	0.455	34.0	5.67	3.5	1.4
22	4274.4~4278.3	3.0	24.6	73.8	0.482	28.7	9.57	5.4	1.9
23	4319.1~4325.3	6.2	2.8	17.5	0.475	25.5	4.11	3.5	1.5
24	4202.2~4205.2	3.0	14.5	43.5	0.443	34.9	11.63	3.5	1.6

1. 较高的前置液比，有助于降低加砂难度及砂堵风险

K_1g_3 储层具有岩性致密、砂泥岩互层、裂缝断层发育及地应力异常高等特点，压裂时容易造成裂缝宽度窄、多裂缝发育、滤失量大等问题，若在裂缝延伸过程中遇到大裂缝、断层，造成滤失剧增，严重时将造成砂堵。设计较高的前置液比有利于增大水力裂缝宽度，增强压裂液段的携砂性能，削弱滤失量大的影响，降低砂堵风险。设计的前置液比一般在 0.45 左右，而实际施工的前置液比与渗透率的关系如图 8-7 所示。绝大多数井的实际前置液比处于 0.346～0.627，个别井可能因为井口超压停止施工等原因而显得异常高。酒东地区的压裂措施实施情况表明，设计 0.45 左右的前置液比已能够有效地降低加砂风险。

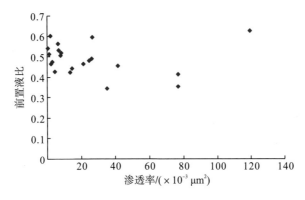

图 8-7　前置液比与渗透率的关系

2. 厚度较高储层的加砂强度偏弱，影响改造效果

图 8-8 统计了 K_1g_3 储层加砂强度与地层厚度的关系。储层有效厚度为 2.5～23.5 m。随着有效厚度的增加，加砂强度呈下降趋势，有效厚度较大的储层(5.0～23.5 m)加砂强度只有 0.89～5.67 m^3/m，而小于 5.0 m 的储层，除两口超压停泵井，其余加砂强度达 4.1～11.6 m^3/m。对于有效厚度小的薄单层，高加砂强度一定程度上增加了施工风险；对于有效厚度大的合压多层，低加砂强度将降低增产效果。

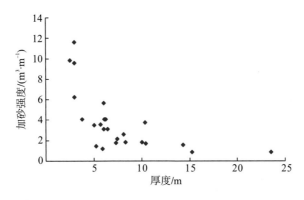

图 8-8　加砂强度与有效厚度的关系

3. 前置液阶段使用粉陶段塞有利于降滤失,但粉陶加量会影响压后效果

图 8-9、图 8-10 统计了粉陶加量与压后产液量、压后产油量的关系。粉陶加量对压后产液量影响显著,随着粉陶加量的增大,压后产液量呈现出明显的下降趋势。粉陶加量对压后产油量的影响则略有不同,呈现出先增大后减小的趋势,且在 $0.5 \sim 1.25 \mathrm{~m}^3$ 加量产油量达到最高。

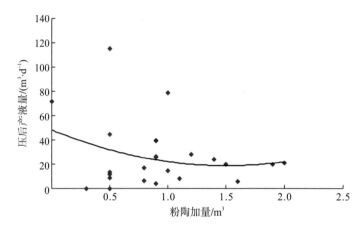

图 8-9   压后产液量与粉陶加量的关系

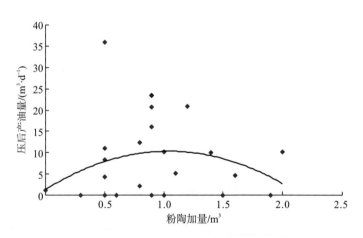

图 8-10   压后产油量与粉陶加量的关系

8.1.3   压裂效果统计分析

表 8-3 统计了 K_1g_3 储层除未压开井次及由于井口刺漏等问题导致停泵的井次以外,其余实现了加砂的井次的压裂效果情况。措施增液有效率(压裂前后产液增大)为 91.7%,产油增产有效率为 58.3%,平均单井增油量达 $6.1 \mathrm{~m}^3/\mathrm{d}$。

表 8-3　压裂效果数据表（K_1g_3 储层）

序号	施工层段	有效厚度/m	渗透率/($\times10^{-3}\mu m^2$)	地层系数/($\times10^{-3}\mu m^2\cdot m$)	加砂量/m³	压前产液量/(m³·d⁻¹)	压后产液量/(m³·d⁻¹)	压前产油量/(m³·d⁻¹)	压后产油量/(m³·d⁻¹)
1	3853.2～3876.7	23.5	76.8	1803.9	21.2	11.3	39.2	8.6	23.4
2	3630.0～3640.4	10.4	13.6	140.9	18.0	0	45.0	0	36.0
3	4002.5～4005.5	3.0	2.3	6.9	18.8	0	0	0	0
4	4180.0～4211.4	14.3	41.3	590.1	22.4	6.2	8.6	3.4	4.3
5	4533.0～4552.7	6.4	35.0	224.0	20.1	0	0	0	0
6	3991.2～4006.4	15.2	1.0	15.2	13.5	6.0	13.4	5.1	11.1
7	3884.6～3912.9	6.0	2.2	13.0	18.8	5.3	28.0	4.4	21.0
8	4156.4～4169.3	8.1	21.2	171.7	21.1	0	8.0	0	5.2
9	3646.0～3658.8	5.2	0.4	2.1	7.5	0	0	0	0
10	4003.0～4016.0	7.3	2.0	14.6	12.9	4.0	26.0	1.7	16.1
11	4295.8～4304.1	5.7	26.3	149.9	20.3	6.0	26.4	5.1	20.7
12	3724.3～3728.1	3.8	6.8	25.8	15.5	0	4.0	0	0
13	4278.8～4292.3	8.3	6.3	52.3	15.5	0	79.0	0	0
14	4484.0～4662.2	10.0	4.5	45.0	18.3	0	115.2	0	0
15	4533.9～4537.5	2.5	8.0	20.0	24.6	0	6.5	0	2.1
16	4422.8～4435.3	5.9	119.3	703.9	7.3	26.0	72.0	1.9	1.2
17	4278.0～4286.6	6.1	13.0	79.3	25.0	2.0	21.0	14.3	10.2
18	4322.8～4327.8	5.0	8.1	40.5	17.5	0	12.0	0	8.4
19	3853.2～3876.7	10.3	76.8	790.6	39.0	6.0	15.0	4.4	10.3
20	4108.9～4121.1	7.4	26.1	193.1	16.2	0.0	16.8	0	12.5
21	3886.7～3912.9	6.0	2.2	13.0	34.0	3.0	24.0	2.1	10.1
22	4274.4～4278.3	3.0	24.6	73.8	28.7	4.0	20.0	0	0
23	4319.1～4325.3	6.2	2.8	17.5	25.5	0	20.0	0	0
24	4202.2～4205.2	3.0	14.5	43.5	34.9	0	6.0	0	4.7

图 8-11、图 8-12 反映了地层系数与产液量、产油量之间的关系。将横坐标（地层系数）作成对数坐标，可以看出地层系数在横轴上几乎均匀离散分布在 $(9\sim1800)\times10^{-3}\mu m^2\cdot m$。从图中压裂前、后的产液量、产油量变化来看，地层系数与产液量、产油量之间的相关性不明显，各种地层系数对应的地层压后都可能获得增产。

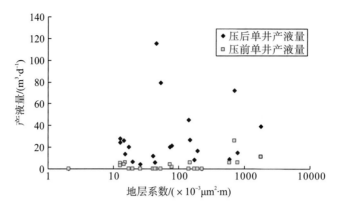

图 8-11   产液量与地层系数的关系

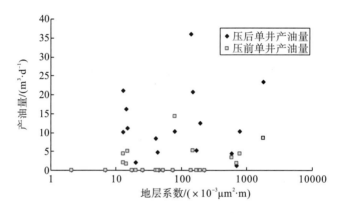

图 8-12   产油量与地层系数的关系

图 8-13、图 8-14 反映了单井加砂量与产液量、产油量之间的关系。从图中压裂前、后的产液量、产油量变化来看，单井加砂量与产液量、产油量之间的相关性不明显，难以拟合出单井加砂量影响下压后产液量、产油量的变化趋势。

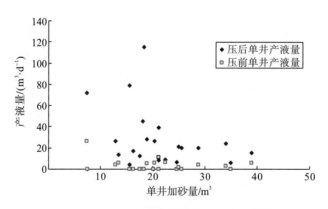

图 8-13   产液量与单井加砂量的关系

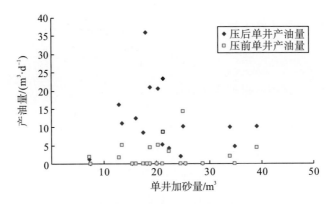

图 8-14　产油量与单井加砂量的关系

措施增油有效率与增液有效率相比存在明显差距,需要在压裂之前加强关于储层油水饱和度分布、纵向分层、断层分布等地质方面的研究,以改进具体井的压裂方案及提高增产效果模拟评价准确性和区块增油有效率。

8.1.4　K_1g_3 储层压裂效果影响因素分析

1. 灰色关联分析法原理

依据现场筛选出来的数据,利用灰色关联分析方法将已压裂井的产量作为母序列,以各影响参数为子序列,确定各影响因素的权重(关联度),依据各影响因素权重的大小进行排序,研究各影响参数对压裂效果影响的大小关系,确定现场压裂效果的影响因素。灰色关联方法主要分为以下几个步骤。

(1)原始数据预处理。各指标原始数据量纲不同,数量级差悬殊,为使各原始数据消除量纲影响,使其具有可比性,首先对原始数据进行预处理。

对于时间序列(或经济序列),原始数据预处理的主要方法如下。

①初值化变换计算方法:

$$X'_{ij} = \frac{X_{ij}}{X_{i1}} \tag{8-1}$$

式中, X'_{ij} 为预处理后的第 i 行第 j 列数据; X_{ij} 为第 i 行第 j 列原始数据。

②均值化变换计算方法:

$$X'_{ij} = \frac{X_{ij}}{X_j} \tag{8-2}$$

式中, X_j 为第 j 列原始数据的平均值。

对于空间序列(或指标序列),原始数据预处理的主要方法如下。

①极差变换计算方法:

$$X'_{ij} = \frac{X_{ij} - X_{j\min}}{X_{j\max} - X_{j\min}} \tag{8-3}$$

式中, $X_{j\min}$ 为第 j 列原始数据中的最小值, $X_{j\max}$ 为第 j 列原始数据中的最大值。

②效果测度变换。对于越大越好的指标，采用上限测度计算：

$$X'_{ij} = \frac{X_{ij}}{X_{j\max}} \qquad (8\text{-}4)$$

对于越小越好的指标，采用下限测度计算：

$$X'_{ij} = \frac{X_{j\min}}{X_{ij}} \qquad (8\text{-}5)$$

(2)确定母序列 X_0 与子序列 X_i。

(3)计算每个时刻点上母序列与各子序列差的绝对值 $\Delta_{0i}(t_j)$：

$$\Delta_{0i}(t_j) = X_0(t_j) - X_i(t_j) \qquad (8\text{-}6)$$

(4)取差值绝对值的最大值与最小值，即 $\Delta_{\max}$、$\Delta_{\min}$。

(5)求在各时刻点上母序列 X_0 与各子序列 X_i 的关联系数：

$$L_{0i}(t_j) = \frac{\Delta_{\min} + \Delta_{\max}}{\Delta_{0i}(t_j) + \Delta_{\max}} \qquad (8\text{-}7)$$

式中，$\Delta_{\max}$ 为 $|X_i - X_0|$ 的最大值；$\Delta_{\min}$ 为 $|X_i - X_0|$ 的最小值；$\Delta_{0i}(t_j)$ 为 t_j 时刻的 $|X_i - X_0|$ 值。

(6)求关联度，即计算关联系数的平均值：

$$\gamma_{0i} = \frac{1}{n}\sum_{j=1}^{n} L_{0i}(t_j) \qquad (8\text{-}8)$$

(7)排关联序。为准确评价及理顺各子序列对母序列的关联程度，需将关联度依大小顺序排成一列，称关联序。各子序列对于母序列的"主次""优劣"表示：

①若 $\gamma_{0a} > \gamma_{0b}$，则有表达式 $\langle X_a | X_b \rangle > \langle X_b | X_0 \rangle$（优于）。

②若 $\gamma_{0a} < \gamma_{0b}$，则有表达式 $\langle X_a | X_b \rangle < \langle X_b | X_0 \rangle$（劣于）。

③若 $\gamma_{0a} = \gamma_{0b}$，则有表达式 $\langle X_a | X_b \rangle = \langle X_b | X_0 \rangle$（等价于）。

最后，依据关联度值确定压裂效果的主要影响因素。

2. 压裂效果影响因素分析

选取 K_1g_3 储层压裂井次中较为典型的 16 井次(未受套管法兰刺漏或超压停泵等因素影响且压后具有产能)作为灰色关联法的分析样本，研究厚度/小层、孔隙度、渗透率、砂量、砂比和排量对压裂效果的影响，如表 8-4 所示。

表 8-4 灰色关联分析样本井(K_1g_3 储层)

序号	深度/m	厚度/小层	孔隙度/%	渗透率/($\times10^{-3}\mu m^2$)	砂量/m³	砂比/%	排量/(m³·min⁻¹)	压后产量/(t·d⁻¹)
1	4295.8~4304.1	5.2 m/3 层	16	26.29	17	13.2	3.5	20.68
2	4156.4~4169.3	8.1 m/1 层	14.1	21.2	20	14.2	3.5	5.2
3	4108.9~4121.1	7.4 m/2 层	14.7	26.1	16.2	13.8	2.7	12.45
4	4278.0~4286.6	6.1 m/3 层	13	13	25	12.24	3.5	10.17
5	4180.0~4211.4	14.3 m/5 层	13.77	41.27	21.9	15.6	3.5	4.3
6	3853.2~3876.7	10.3 m/6 层	17.9	76.76	39	13.9	4.2	10.26
7	3853.2~3876.7	23.5 m/1 层	17.9	76.76	21.2	28	4.0	23.4

序号	深度/m	厚度/小层	孔隙度/%	渗透率/(×10⁻³μm²)	砂量/m³	砂比/%	排量/(m³·min⁻¹)	压后产量/(t·d⁻¹)
8	4003.0~4016.0	13.0 m/1 层	12	2	12	10.4	3	16.1
9	3884.6~3912.9	16.2 m/1 层	11.6	2.17	17.6	14	3.5	21
10	4422.8~4435.3	5.9 m/4 层	20	119.3	7.3	6.8	2.5	1.2
11	3630.0~3640.4	10.4 m/1 层	9.4	13.55	17.5	16.5	3.2	35.99
12	3991.2~4006.4	15.2 m/2 层	15	1	13	12.2	4	11.12
13	4322.8~4327.8	5.0 m/1 层	11	8.1	17.5	10.5	3.3	8.43
14	4532.5~4537.5	5.0 m/1 层	17	10.5	23.8	14.6	3	2.1
15	3886.7~3912.9	6 m/1 层	11.6	2.2	34	27.0	3.42	10.1
16	4202.2~4205.2	3 m/1 层	12.1	14.5	34.9	15.3	3.6	4.7

利用灰色关联分析方法，首先将各参数用极差变换进行原始数据预处理，然后以压裂井的产量为母序列，以各影响参数为子序列，确定各影响因素的权重(关联度)，最后依据各影响因素权重的大小对其进行排序，从而确定各影响参数对压裂效果影响的大小关系。灰色关联法主要计算过程如表 8-5～表 8-7 所示。

表 8-5　极差变化处理原始数据

序号	厚度	孔隙度	渗透率	砂量	砂比	排量	压后产量
1	0.107317	0.622642	0.213779	0.305994	0.301887	0.588235	0.559931
2	0.24878	0.443396	0.170752	0.400631	0.349057	0.588235	0.114976
3	0.214634	0.500000	0.212172	0.280757	0.330189	0.117647	0.323369
4	0.151220	0.339623	0.101437	0.558360	0.256604	0.588235	0.257833
5	0.551220	0.412264	0.340389	0.460568	0.415094	0.647059	0.089106
6	0.356098	0.801887	0.640406	1	0.334906	1	0.260420
7	1	0.801887	0.640406	0.438486	1	0.882353	0.638114
8	0.487805	0.245283	0.008453	0.148265	0.169811	0.294118	0.428284
9	0.643902	0.207547	0.009890	0.324921	0.339623	0.588235	0.569129
10	0.141463	1	1	0	0	0	0
11	0.360976	0	0.106086	0.321767	0.457547	0.411765	1
12	0.595122	0.528302	0	0.179811	0.254717	0.882353	0.285139
13	0.097561	0.150943	0.060017	0.321767	0.174528	0.470588	0.207818
14	0.097561	0.716981	0.080304	0.520505	0.367925	0.294118	0.025870
15	0.146341	0.207547	0.010144	0.842271	0.952830	0.541176	0.255821
16	0	0.254717	0.114117	0.870662	0.400943	0.647059	0.100604

表 8-6　子序列和母序列差的绝对值

序号	厚度	孔隙度	渗透率	砂量	砂比	排量
1	0.452614	0.06271	0.346152	0.253937	0.258044	0.028304
2	0.133805	0.328421	0.055777	0.285655	0.234081	0.473260
3	0.108735	0.176631	0.111196	0.042612	0.006820	0.205722

序号	厚度	孔隙度	渗透率	砂量	砂比	排量
4	0.106613	0.081790	0.156396	0.300527	0.001229	0.330403
5	0.462113	0.323158	0.251283	0.371462	0.325988	0.557953
6	0.095678	0.541467	0.379986	0.739580	0.074486	0.739580
7	0.361886	0.163772	0.002291	0.199629	0.361886	0.244239
8	0.059521	0.183001	0.419831	0.280019	0.258473	0.134166
9	0.074773	0.361582	0.559239	0.244208	0.229506	0.019106
10	0.141463	1	1	0	0	0
11	0.639024	1	0.893914	0.678233	0.542453	0.588235
12	0.309983	0.243162	0.285139	0.105329	0.030422	0.597214
13	0.110257	0.056875	0.147801	0.113948	0.033290	0.262770
14	0.071691	0.691112	0.054435	0.494635	0.342055	0.268248
15	0.109479	0.048273	0.245677	0.586451	0.697010	0.285356
16	0.100604	0.154113	0.013513	0.770059	0.300340	0.546455

表 8-7　各影响因素的关联系数

序号	厚度	孔隙度	渗透率	砂量	砂比	排量
1	0.490895	0.974344	0.593618	0.602581	0.57457	0.928901
2	0.836132	0.661830	0.903765	0.574084	0.598203	0.438634
3	0.885081	0.810299	0.821817	0.900356	0.980807	0.642541
4	0.889487	0.942391	0.765226	0.561631	0.996486	0.528126
5	0.484929	0.666061	0.668578	0.508967	0.516691	0.398591
6	0.912915	0.526443	0.570795	0.342367	0.823906	0.333333
7	0.556258	0.825996	1	0.658555	0.490582	0.602236
8	1	0.802742	0.546069	0.578949	0.574164	0.733774
9	0.961316	0.636357	0.474200	0.611899	0.602938	0.950871
10	0.822241	0.365516	0.334861	1	1	1
11	0.395429	0.365516	0.360346	0.362121	0.391158	0.385992
12	0.602123	0.737757	0.639748	0.785200	0.919714	0.382408
13	0.881945	0.984554	0.775379	0.771637	0.912806	0.584593
14	0.968889	0.460304	0.905952	0.437700	0.504670	0.579574
15	0.883545	1	0.673605	0.396333	0.333333	0.564439
16	0.902211	0.838193	0.978147	0.333333	0.537116	0.403593

　　表 8-8 为采用灰色关联分析法确定的压裂效果各主要影响因素及其权重。根据计算结果，可以得出影响酒东地区 K_1g_3 储层压裂效果的次序为厚度＞孔隙度＞渗透率＞砂比＞排量＞砂量。据此可以推断，地质因素对压裂效果的影响更大。

表 8-8　压裂效果各主要影响因素及其权重

项目	厚度	孔隙度	渗透率	砂量	砂比	排量
权重	0.780	0.725	0.688	0.589	0.672	0.591
排序	1	2	3	6	4	5

8.2　单井稳产关键性因素数值模拟分析

以 C7 井为例，运用商业数值模拟软件 Eclipse，对区块内压裂效果较好的井进行压后生产动态拟合。以拟合好的模型为基础，设置不同的水力裂缝参数，模拟不同水力裂缝规模下油井的产量，从而分析影响油井压裂开发稳产的关键因素。

8.2.1　数值模拟模型的建立

1. 建模基础数据

模拟评价选取的基本参数如下：地层渗透率为 $5.64 \times 10^{-3} \, \mu m^2$（试井解释），地层孔隙度为 6.8%（岩心测试），有效厚度为 10.3 m，地层温度为 125 ℃。根据 PVT 测试结果，地层原油密度为 0.783 g/cm^3，地层原油黏度为 1.533 mPa·s，原油体积系数为 1.095，地层原油压缩系数为 $11.308 \times 10^{-4} \, MPa^{-1}$。C7 井所钻遇的油藏属于典型的断块油气藏，周边被断层隔断，其单井控制半径为 400 m。由于压裂前本井投产时间不到 1 年，依据累计产液情况推算的地层压力为 49.8 MPa，压力系数为 1.29。

2. 基础模型的建立

1）基础数据的导入

基于上述资料，采用正交的角点网格，为了尽量提高模拟的精度，X,Y,Z 3 个方向的网格数量分别为 160×160×5，总计有 128000 个网格，其中有效网格为 128000 个，如图 8-15 和图 8-16 所示。平面上网格大小为 5 m×5 m，纵向上为 5 层，每层厚度为 10 m，净毛比为 0.206。

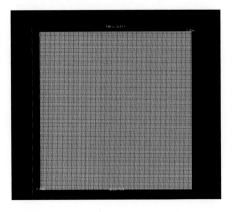

图 8-15　基础模型全局图　　　　　　　　　图 8-16　基础模型俯视图

2）模型初始化

在导入了油藏地质模型以后，还需要输入油、水的高压物性（图 8-17），以及油藏流体与地层岩石的相互作用——相渗曲线(图 8-18)和毛管压力,组成油藏的动态模型。根据甲方给出的基础数据,对油藏模型进行初始化设置,输入参考点深度、压力、油水界面、相渗曲线、岩石压缩系数等参数完成模型初始化。

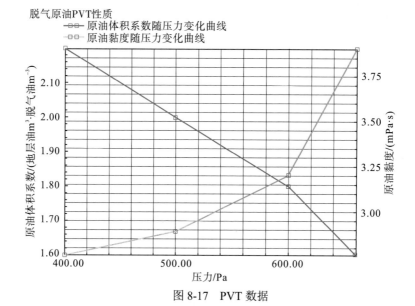

图 8-17 PVT 数据

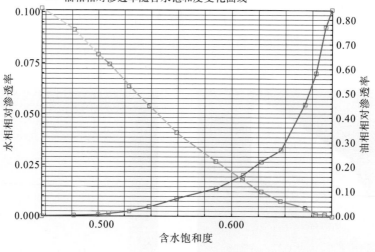

图 8-18 相渗曲线

3) 局部加密模拟水力裂缝

为了尽量提高模拟结果的准确度,需对水力裂缝进行进一步加密,使其宽度达到毫米数量级,更加接近地层中实际裂缝大小,同时为了保证模型的收敛性,此处采用渐进加密的方案,如图 8-19 和图 8-20 所示。

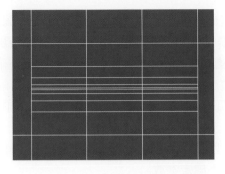

图 8-19 渐进加密全局示意图

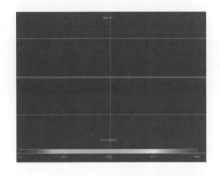

图 8-20 渐进加密局部示意图

4) 油藏动态及生产数据

动态数据是油藏开发过程中与时间有关的数据,主要包括完井数据、油藏监测数据及生产数据。完井数据包括射孔与补孔、投产、投注、压裂数据等。油藏监测数据包括压力监测(单井静压与流压、RFT 测试)、生产井产液剖面、注水井吸水剖面等监测数据。生产数据包括产油量、产水量、产气量、气油比、含水率、注水量、油压、套压等数据。

本书收集了 C7 井对 K_1g_3 油层从 2009 年 7 月投产到 2011 年 8 月的生产数据,包括油井的产油量、产水量、产气量、压力等数据,通过油藏数值模拟软件 Eclipse 进行前处理,形成 Eclipse 可以接受的数据格式文件。C7 井位于模型中部,在完成局部网格加密工作后,在每个局部网格区域内定义该井,并设置射孔参数,纵向上 5 套储层均被射开。最后,导入历史生产数据。

8.2.2 历史拟合

1. 拟合整体思路

虽然在建立油藏精细地质模型阶段已做了大量的工作,但是由于某些参数的不准确性和不确定性(如储层的渗透率),使得模拟产生的动态数据与实际动态之间可能有较大的出入。历史拟合的整体思路是先进行整体趋势拟合,即原始地层压力、油水井见水时间的拟合,在掌握可调参数灵敏度的基础上,分阶段进行综合含水率与累计产油量、累计产液量和累计注水量的拟合。在此基础上,应用模拟模型预测的地下流体的分布和未来动态才是可靠的。

历史拟合的过程中,由于模型参数数量大,可调自由度大,不是油藏模型的唯一确定参数,为了避免修改参数的随意性,在历史拟合时必须确定模型参数的可调范围,使模型参数的修改在可接受的合理范围内。

油层厚度:经过多次的划分和认定,一般情况下油层厚度误差不大,可以视为确定参数,但由于软件插值带来一些误差,也允许做一些调整。

孔隙度:根据油藏的单井孔隙度统计结果,其值变化范围比较大,而且由于区块探井较少,在拟合过程中允许个别调整。

渗透率:渗透率在任何油田都是不确定参数,这不仅是因为解释和岩心分析的误差较大，而且根据渗透率的特点，井间渗透率的分布也是不确定的。由于速敏、水敏、酸敏、盐敏等影响，开发过程中会出现增渗或降渗现象，高渗层渗透率越来越大，而低渗透层渗透率越来越小，级差进一步加大。由于区块探井较少，井间距离很大，井间渗透率不确定性明显。因此，渗透率的修改可调范围相对较大。

岩石和流体压缩系数：一般变化范围很小，可以作为确定参数处理，但在一定范围内，也可以适当做一些微调。

相对渗透率曲线：由于油藏模拟网格较粗，网格内部存在非均质，其影响不容忽视，这与均质的岩心不同，因此，相对渗透率应作为不确定参数。

2. 具体的拟合情况

历史拟合是对所建数值模拟模型的一个检验与修正的过程，历史拟合主要包括储量的拟合，区块和单井的压力、产油量、含水率和气油比的拟合。由于项目组提供的原始资料过少，此处就只进行单井压力拟合。由于仅有 C7 井生产时的井口压力，需先采用 Eclipse 的 VFPi 模块计算获得井底流压数据，如表 8-9 所示。

由表 8-9 可知，C7 井的生产过程共分为两个阶段：①2009 年 7 月至 2010 年 7 月未压裂自喷阶段；②2010 年 8 月进行第一次压裂，2010 年 9 月至 2011 年 8 月压裂自喷阶段。

表 8-9　C7 井月平均生产数据表

生产日期	日产液/m³	日产油/m³	日产水/m³	采油方式	井底流压/MPa	备注
2009-07-31	7.42	6.58	0.85	自喷	37.69	
2009-08-31	6.38	6.02	0.36	自喷	38.93	
2009-09-30	5.44	4.93	0.50	自喷	39.60	
2009-10-31	5.03	5.03	0	自喷	39.00	
2009-11-30	5.45	5.45	0	自喷	38.85	
2009-12-31	5.56	5.54	0.02	自喷	37.87	
2010-01-31	4.98	4.95	0.03	自喷	38.36	
2010-02-28	4.86	4.83	0.03	自喷	38.32	
2010-03-31	3.30	3.25	0.05	自喷	41.35	
2010-04-30	3.56	3.42	0.14	自喷	40.19	
2010-05-31	3.81	3.81	0	自喷	40.04	
2010-06-30	4.42	4.42	0	自喷	39.50	
2010-07-31	4.11	4.09	0.02	自喷	40.38	
2010-08-30	3.59	2.33	1.26	自喷	34.94	第一次压裂
2010-09-30	17.04	14.41	2.63	自喷	37.17	
2010-10-31	10.77	10.05	0.72	自喷	34.01	
2010-11-30	10.29	9.81	0.48	自喷	33.75	
2010-12-31	5.69	5.28	0.41	自喷	40.63	
2011-01-31	6.38	5.83	0.54	自喷	38.64	
2011-02-28	7.35	6.85	0.50	自喷	35.74	

续表

生产日期	日产液/m³	日产油/m³	日产水/m³	采油方式	井底流压/MPa	备注
2011-03-31	5.15	4.39	0.76	自喷	37.08	
2011-04-30	7.39	4.41	2.98	自喷	36.83	
2011-05-31	5.57	5.44	0.13	自喷	37.79	
2011-06-30	4.37	4.37	0	自喷	32.55	
2011-07-31	7.68	7.68	0	自喷	33.30	

1）第一阶段拟合

在进行生产数据拟合时，通常采用定产量拟合井底压力的方式。由图 8-21～图 8-24 可知，历史数据拟合度达到 85% 以上，拟合效果良好，说明建立的产能预测基础模型能准确地模拟 C7 井压裂前的生产过程。

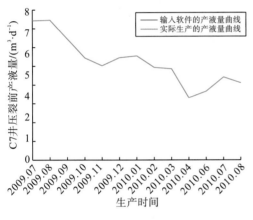

图 8-21　定产液量曲线

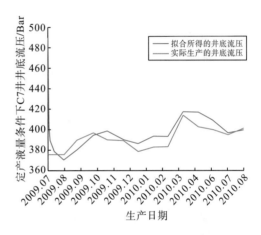

图 8-22　井底流压生产曲线拟合

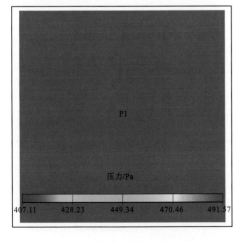

图 8-23　初始地层压力

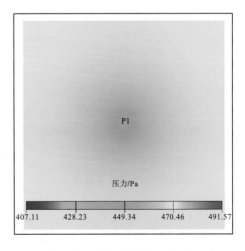

图 8-24　生产 13 个月后地层压力

2）第二阶段拟合

为了保证建立的数值模拟模型的准确度，对 C7 井压裂后的生产动态也进行了历史拟合。由图 8-25～图 8-28 可知，在定产量的条件下，C7 井第一次压裂后起初两个月内模拟井底流压要低于实际井底压力，这可能是由于压裂后压裂液未完全排出，导致地层压力上升，从而导致生产时实际井底流压要高于模拟值，随着生产时间的延长，压裂液逐渐被排尽，此时的实际井底流压与模型模拟的井底流压结果吻合较好，说明建立的模型能准确地预测 C7 井压裂后的实际生产情况。

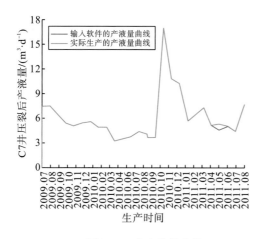

图 8-25　定产液量曲线

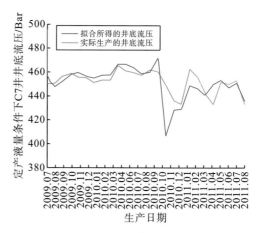

图 8-26　井底流压生产曲线拟合

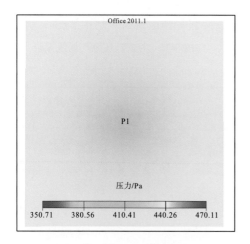

图 8-27　初次压裂前地层压力

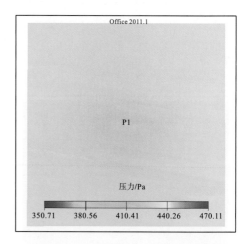

图 8-28　压裂后生产 13 个月后地层压力

综合两个阶段的拟合情况可知，本模型具有较高准确度，既能模拟压前的生产情况，也能模拟压后生产动态，因此可基于此模型开展 C7 井压后稳产关键因素分析。

8.2.3　影响稳产的关键因素分析

影响稳产的关键因素主要包括储层有效厚度、孔隙度、渗透率、水力裂缝半长和导流能力五大因素。通过对玉门油田 C7 井大量地质资料和生产资料的分析，各影响因素主要可划分为 4 个不同的水平值，如表 8-10 所示。在设置导流能力水平值时，考虑到玉门油田高水平地应力的地质特征，各水平值较正常地层中的值偏小一些。为了分析各因素对油井压后稳产的影响，需要进行多次试验，若每种水平值都进行一种实验，则共有 4^5=1024 种方案，工作量过大，因此此处采用正交实验分析法进行处理。

表 8-10　各参数的 4 个水平值

储层有效厚度/m	孔隙度/%	渗透率/($\times 10^{-3}\mu m^2$)	水力裂缝半长/m	导流能力/($\mu m^2 \cdot cm$)
4	4	3	0	0
6	6	5	40	10
8	8	7	80	20
10	10	9	120	30

1. 正交分析试验设计

正交分析试验设计及其直观分析方法是以概率论、数理统计和线性代数等理论为基础，科学地安排试验方案，正确地分析试验结果，确定参数对指标的影响趋势、主次顺序及显著程度。其突出特点是以典型的具有代表性的有限个方案反映大量方案中所包含的内在的本质规律和矛盾主次。它具有两个基本性质，即水平的均匀性和搭配的均匀性。所谓水平的均匀性，是指所选的 N 个具有代表性的方案，对每个参数和参数的每个水平值都是均匀分配的；所谓搭配的均匀性，是指每个参数的每个水平值在 N 个方案中出现的次数相同，而且任意两个参数的搭配都是以相同的次数出现。水平均匀和搭配均匀在数学上统称为正交性。利用正交性就可以设计出不同数目的参数和水平值对应的不同正交试验设计表。选择了 5 个参数的 4 个水平值作正交试验表 L16(4^5)，只需做 16 次模拟计算就能反映出各因素对油井稳产能力影响的主次关系，如表 8-11 所示。

表 8-11　实验方案表与结果

方案	储层厚度/m	孔隙度/%	渗透率/($\times 10^{-3}\mu m^2$)	裂缝半长/m	导流能力/($\mu m^2 \cdot cm$)	累产时间/月	平均日产/m^3	累产/m^3
1	6	4	3	0	0	52	5.16	8046
2	6	6	5	80	20	72	8.28	17725
3	6	8	9	40	10	90	9.36	25277
4	6	10	7	120	30	117	9.57	33517
5	8	4	3	0	0	71	6.14	13076
6	8	6	5	80	10	98	8.78	25770
7	8	8	9	40	20	112	10.71	35987
8	8	10	7	120	30	138	11.73	48580
9	10	4	3	0	0	88	7.14	18837

续表

方案	储层厚度 /m	孔隙度 /%	渗透率 /(×10⁻³μm²)	裂缝半长 /m	导流能力 /(μm²·cm)	累产时间 /月	平均日产 /m³	累产 /m³
10	10	6	5	80	10	107	10.40	33658
11	10	8	9	40	20	130	11.93	46509
12	10	10	7	120	30	153	13.33	61192
13	12	4	3	0	0	104	8.51	26562
14	12	6	5	40	20	133	10.45	41693
15	12	8	7	80	10	158	12.08	57194
16	12	10	9	120	30	168	14.78	74539

2. 稳产能力的评价标准

为了评价生产井的压后稳产能力，综合考虑玉门油田的现场情况和经济效益，认为日产量 4 m³ 为最低稳产油界线。当该井日产油量大于 4 m³ 时，认为该井处于稳产期。通过计算油井的稳产时间，以及稳产期内日产油量和累计产油量，评价油井的稳产能力。此处以实验方案 3 为例进行说明，在进行生产模拟时油藏有效厚度为 6 m，孔隙度为 8%，地层渗透率为 9×10^{-3} μm²，水力裂缝半长为 40 m，水力裂缝导流能力为 10 μm²·cm。

由于模型主要是模拟 C7 井压裂后的生产情况，应以第一阶段拟合好的模型进行压后生产动态的模拟。生产制度为定井底流压进行生产，根据玉门油田现场生产的实际情况，生产时的井底压力定为 30 MPa。表 8-11 中的其他方案同样采用该生产制度进行产能模拟。

由图 8-29 和图 8-30 可知，2010 年 10 月 1 日 C7 井进行压裂后，日产油量明显增加，说明水力压裂对该油井具有较好的增产效果。日产油量自 2010 年 10 月 1 日起由最高的 20 m³/d 逐渐下降，预测到 2018 年 5 月 1 日产油量下降为 4 m³/d，共历时 91 个月，约 2730 天，该期间的累计产油量为 25277 m³，日平均产油量为 9.26 m³。

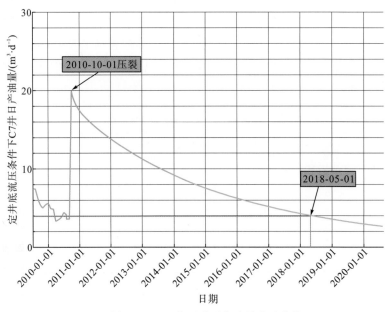

图 8-29　C7 井压裂后产油量递减曲线

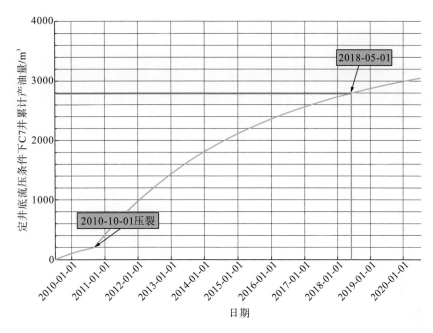

图 8-30　C7 井压裂后累计产油量递减曲线

3. 正交试验结果分析

进行正交试验后通常采用极差分析的方法，分析各因素的影响。极差分析法简单明了，通俗易懂，计算工作量少。但这种方法不能将试验中由于试验条件改变引起的数据波动同试验误差引起的数据波动区分开来，也就是说不能区分各因素各水平间对应的试验结果的差异究竟是由于因素水平不同引起的，还是由于试验误差引起的，无法估计试验误差的大小。此外，各因素对试验结果的影响无法给予精确的数量估计，不能提供一个标准来判断所考察因素作用是否显著。当两个影响因素之间的极差相同时，为弥补极差分析的缺陷，可以采用方差分析。

计算各列各水平对应数据之和 K_1、K_2、K_3、K_4 及平方 K_1^2、K_2^2、K_3^2、K_4^2。

计算单因素偏差平方和、方差及自由度，如式(8-9)~式(8-11)所示：

$$SS = \frac{1}{m}\sum_{i=1}^{m} K_i^2 - CT \tag{8-9}$$

$$V = \frac{SS}{d_f} \tag{8-10}$$

$$CT = \frac{T^2}{n} = \frac{1791^2}{16} = 200480 \tag{8-11}$$

式中，SS 为单因素偏差平方和；V 为方差；CT 为校正数；d_f 为自由度；T 为试验指标之和（这里指累产时间、平均日产或累产中的一项试验结果之和，试验结果如表 8-11 所示）；n 为各试验因素的水平总数（此处水平总数为 4×4=16）；m 为各因素的水平数（4）。

当以累产时间作为试验结果进行方差分析时，各试验因素的偏差平方和为

$$SS_A = \frac{1}{4}(K_1^2 + K_2^2 + K_3^2 + K_4^2) - CT \tag{8-12}$$
$$= \frac{1}{4}(109561 + 175561 + 228484 + 316969) - 200480 = 7163.75$$

同理，$SS_B = 9320.15$，$SS_C = 8940.15$，$SS_D = 8632.65$，$SS_E = 8524.65$。其中，A、B、C、D、E 分别表示储层有效厚度、孔隙度、渗透率、水力裂缝半长、导流能力。

极差：$R_A = 232$，$R_B = 261$，$R_C = 251$，$R_D = 261$，$R_E = 261$。

自由度：$d_{f_A} = d_{f_B} = d_{f_C} = d_{f_D} = d_{f_E} = 4 - 1 = 3$。

计算方差：$V_A = 2387.92$，$V_B = 3106.72$，$V_C = 2980.05$，$V_D = 2877.55$，$V_E = 2841.55$。

以累产时间作为试验结果进行方差分析的计算结果如表 8-12 所示。

表 8-12　稳产时间结果分析　　　　　　　　（单位：月）

	储层有效厚度	孔隙度	渗透率	裂缝半长	导流能力	T 值
K_1	331	315	315	315	315	
K_2	419	410	410	465	453	
K_3	478	490	566	435	447	
K_4	563	576	500	576	576	
K_1^2	109561	99225	99225	99225	99225	
K_2^2	175561	168100	168100	216225	205209	
K_3^2	228484	240100	320356	189225	199809	1791
K_4^2	316969	331776	250000	331776	331776	
极差(R)	232	261	251	261	261	
偏差平方和(SS)	7163.75	9320.15	8940.15	8632.65	8524.65	
自由度(d_f)	3	3	3	3	3	
方差(V)	2387.92	3106.72	2980.05	2877.55	2841.55	

将计算结果绘制成柱状图，如图 8-31 所示。

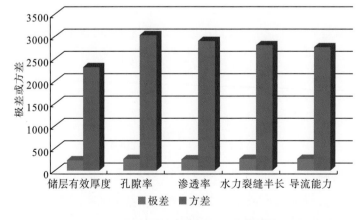

图 8-31　各影响因素对应的稳产时间的极差和方差值

极差和方差参数反映了参数水平变化时稳产时间的变化度。极差和方差值越大，稳产时间变化越明显。由表 8-12 和图 8-31 计算结果可知，储层孔隙度和渗透率是影响稳产时间的主要因素，而水力裂缝半长、水力裂缝导流能力次之，储层有效厚度影响最小。

与累产时间的计算过程同理，通过式(8-9)和式(8-10)计算得到以日平均产油量作为试验结果的方差分析，如表 8-13 所示。

表 8-13　日平均产油量结果分析 （单位：m³/d）

	储层有效厚度	孔隙度	渗透率	裂缝半长	导流能力	T 值
K_1	32.37	26.95	26.95	26.95	26.95	
K_2	37.36	37.91	37.91	42.45	40.62	
K_3	42.8	44.08	46.71	39.54	41.37	
K_4	45.82	49.41	46.78	49.41	49.41	
K_1^2	1047.82	726.30	726.30	726.30	726.30	
K_2^2	1395.77	1437.17	1437.17	1802.00	1649.98	
K_3^2	1831.84	1943.05	2181.82	1563.41	1711.48	158.35
K_4^2	2099.47	2441.35	2188.37	2441.35	2441.35	
极差(R)	13.45	22.46	19.83	22.46	22.46	
偏差平方和(SS)	26.55	69.80	66.25	66.10	65.11	
自由度(d_f)	3	3	3	3	3	
方差(V)	8.85	23.27	22.08	22.03	21.70	

将计算结果绘制成柱状图，如图 8-32 所示。

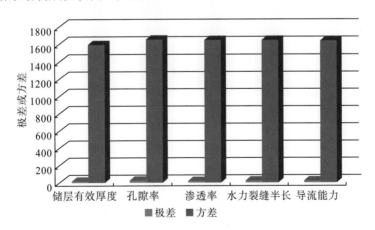

图 8-32　各影响因素对应的稳产期日平均产油量的极差和方差值

由图 8-32 可知，各影响因素的极差和方差值差异不大，说明这几种因素对稳产期日平均产油量都有很大的影响。储层孔隙度是影响稳产期日平均产油量的主要因素，而渗透率、水力裂缝半长、水力裂缝导流能力次之，储层有效厚度影响最小。

与累产时间的计算过程同理，通过式(8-9)和式(8-10)计算得到以累计产油量作为试验结果的方差分析，如表 8-14 所示。

表 8-14　累计产油量结果分析　　　　　　　　　　　（单位：m³/d）

	储层有效厚度	孔隙度	渗透率	裂缝半长	导流能力	T 值
K_1	84565	66521	66521	66521	66521	
K_2	123413	118846	118846	149466	141899	
K_3	160196	164967	182312	134347	141914	
K_4	199988	217828	200483	217828	217828	
$K_1{}^2$	7.15×10^9	4.43×10^9	4.43×10^9	4.43×10^9	4.43×10^9	
$K_2{}^2$	1.52×10^{10}	1.41×10^{10}	1.41×10^{10}	2.23×10^{10}	2.01×10^{10}	
$K_3{}^2$	2.57×10^{10}	2.72×10^{10}	3.32×10^{10}	1.80×10^{10}	2.01×10^{10}	568162
$K_4{}^2$	4.00×10^{10}	4.74×10^{10}	4.02×10^{10}	4.74×10^{10}	4.74×10^{10}	
极差(R)	115423	151307	133962	151307	151307	
偏差平方和(SS)	1.83×10^9	3.13×10^9	2.82×10^9	2.89×10^9	2.86×10^9	
自由度(d_f)	3	3	3	3	3	
方差(V)	6.11×10^8	1.04×10^9	9.40×10^8	9.63×10^8	9.54×10^8	

将计算结果绘制成柱状图如图 8-33 所示。

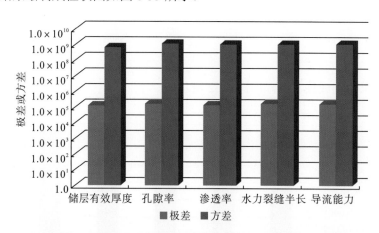

图 8-33　各影响因素对应的稳产期的累计产油量的极差和方差值

由图 8-33 可知，各影响因素的极差和方差值差异不大，说明这几种因素对产期的累计产油量都有很大的影响。储层孔隙度是影响稳产期日平均产油量的主要因素，而水力裂缝半长、水力裂缝导流能力、渗透率次之，储层有效厚度影响最小。

8.3　区块产能递减影响因素分析

8.3.1　施工参数与地层物性参数关系

目标区块的部分压裂井施工参数及地层物性统计结果如表 8-15 所示。

表 8-15 部分压裂井施工参数及地层物性统计表

序号	施工层段/m	有效厚度/m	孔隙度/%	渗透率/($\times 10^{-3} \mu m^2$)	地层系数/($\times 10^{-3} \mu m^2 \cdot m$)	砂液比	排量/(m³·min⁻¹)
1	3853.2～3876.7	23.5	17.9	76.8	1803.9	0.155	4.00
2	3630.0～3640.4	10.4	9.4	13.6	140.9	0.159	3.20
3	4002.5～4005.5	3.0	11.7	2.3	6.9	0.183	3.50
4	4180.0～4211.4	14.3	13.8	41.3	590.1	0.163	3.60
5	4533.0～4552.7	6.4	14.0	35.0	224.0	0.133	2.70
6	3991.2～4006.4	15.2	15.0	1.0	15.2	0.133	2.70
7	4088.6～4100.1	5.1	9.0	3.9	19.9	—	—
8	3884.6～3912.9	6.0	11.6	2.2	13.0	0.149	3.50
9	4156.4～4169.3	8.1	14.1	21.2	171.7	0.150	3.50
10	3646.0～3658.8	5.2	7.0	0.4	2.1	0.080	3.20
11	4003.0～4016.0	7.3	12.0	2.0	14.6	0.129	3.00
12	4295.80～4304.1	5.7	16.0	26.3	149.9	0.157	3.50
13	3724.3～3728.1	3.8	10.4	6.8	25.8	0.118	3.00
14	4278.5～4292.3	8.3	10.2	6.3	52.3	0.121	3.50
15	4484.0～4662.2	10.0	9.1	4.5	45.0	0.122	3.50
16	4533.9～4537.5	2.5	10.5	8.0	20.0	0.161	3.00
17	4477.5～4483.7	4.2	9.6	2.2	9.1	—	2.00
18	4422.5～4435.3	5.9	20.0	119.3	703.9	0.077	2.50
19	4278.0～4286.6	6.1	13.0	13.0	79.3	0.135	3.60
20	4322.5～4327.8	5.0	11.0	8.1	40.5	0.120	3.36
21	4442.5～4447.5	5.0	14.0	17.1	85.5	—	2.50
22	3853.2～3876.7	10.3	17.9	76.8	790.6	0.203	4.57
23	4108.9～4121.1	7.4	14.7	26.1	193.1	0.119	2.90
24	3724.3～3728.1	3.8	10.4	6.8	25.8	0.070	1.50
25	3886.4～3912.9	6.0	11.6	2.2	13.0	0.270	3.42
26	4274.4～4278.3	3.0	14.0	24.6	73.8	0.141	3.06
27	4319.1～4325.3	6.2	9.9	2.8	17.5	0.139	2.66
28	4202.2～4205.2	3.0	12.1	14.5	43.5	0.153	3.60
29	3848.5～3855.5	7.0	18.0	6.4	44.8	0.149	3.48
30	2022.0～5045.5	6.0	10.16	6.4	384.0	0.115	3.45
31	4532.5～4575	5.0	17.0	10.5	52.5	0.146	3.10
32	4782.3～4807.5	8.7	13.49	1.82	15.83	0.097	3.02

从表 8-15 中可以看出，该区块孔隙度为 7%～20%，地层系数为 2.1×10^{-3}～1803.9×10^{-3} $\mu m^2 \cdot m$，地层物性差异较大，非均质性强。

图 8-34、图 8-35 分别反映了地层系数及渗透率与施工排量的关系。可以看出，酒东区块施工排量范围为 1.50～4.57 m³/min，平均值为 3.17 m³/min。总体上，施工排量随着地层系数、渗透率的增大而增大，说明地层系数及渗透率较大时，地层吸液能力强，需要

较高的排量抑制高的地层滤失，确保顺利加砂。

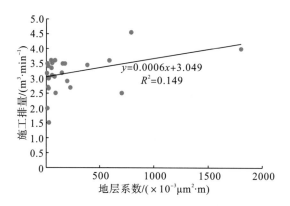

图 8-34　地层系数与施工排量的关系

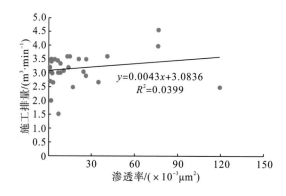

图 8-35　渗透率与施工排量的关系

图 8-36 及图 8-37 反映了地层系数、渗透率与砂液比之间的关系。砂比范围为 0.04～0.27，平均为 0.14；随着地层系数或渗透率的增大，砂比趋势变化不明显，相关性较差，说明设计砂比时未充分考虑地层系数、渗透率因素。

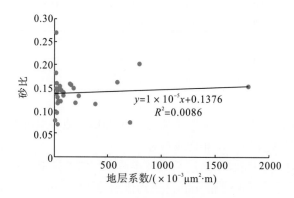

图 8-36　地层系数与砂比的关系

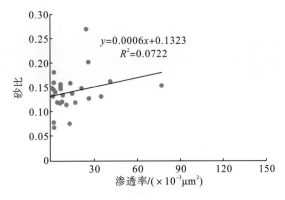

图 8-37   渗透率与砂比的关系

8.3.2   压后产能递减分析

表 8-16 统计了本区块压裂施工后产能递减幅度较大井次的压裂效果情况。可以看出，虽然措施产油增有效率达到了 58.3%，但稳产周期过短，增产一段时间后产能迅速递减。选取压后产能递减明显的生产周期，估算产量递减速度。

表 8-16   本区块压后效果统计

序号	有效厚度/m	渗透率/($\times 10^{-3}\mu m^2$)	地层系数/($\times 10^{-3}\mu m^2 \cdot m$)	孔隙度/%	总液量/m^3	砂比	施工排量/($m^3 \cdot min^{-1}$)	压后产油量/($m^3 \cdot d^{-1}$)	递减后产油量/($m^3 \cdot d^{-1}$)
1	23.5	76.8	1803.9	17.9	157.3	0.155	4.00	23.40	8.60
2	14.3	41.3	590.1	13.8	170.2	0.163	3.60	4.3.00	3.40
3	6.0	2.2	13.0	13.0	140.2	0.270	3.42	21.00	4.40
4	7.3	2.0	14.6	13.8	124.6	0.129	3.00	16.10	1.70
5	2.5	8.0	20.0	17.0	180.4	0.146	3.10	2.10	0
6	10.3	76.8	790.6	17.9	157.3	0.203	4.57	10.30	4.40
7	6.0	2.2	13.0	11.6	140.2	0.270	3.42	10.10	2.10
8	3.0	14.5	43.5	12.1	120.8	0.153	3.6.0	4.70	0
9	7.0	6.4	18.0	18.0	290.4	0.149	3.48	17.30	0
10	6.0	6.4	384.0	10.16	146.9	0.115	3.45	8.76	4.38
11	8.7	1.82	15.8	13.49	130.4	0.097	3.02	44.49	3.19
12	9.0	22.6	203.4	13.8	331.8	0.196	3.49	13.81	4.22

图 8-38、图 8-39 反映了压裂总液量及砂比与单井产油量之间的关系。可以看出，单井产油量递减情况与压裂施工参数的相关性不明显，难以拟合出压裂液总量及砂比影响下压后产油量的递减趋势。

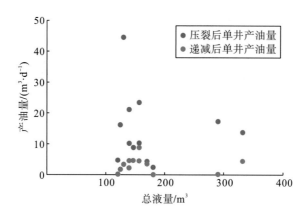

图 8-38　压裂施工总液量与产油量的递减关系

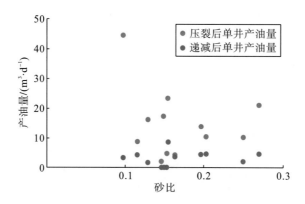

图 8-39　砂比与产油量的递减关系

图 8-40 给出了地层系数与本区块单井产油量之间的关系。从图中产油递减前后产油量变化来看，地层系数与产油量递减幅度之间的相关性不明显，各种地层系数对应的地层压后产油量递减情况复杂。

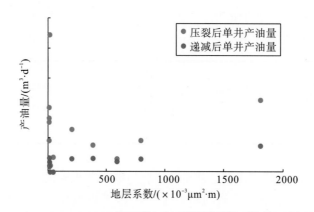

图 8-40　地层系数与产油量的递减关系

8.3.3　压后产能递减敏感性分析

1. 神经网络算法原理

神经网络算法广泛地应用到了非线性工程问题中。在油气田开发方面，也为施工参数优化、参数敏感性分析等开辟了新的道路。其主要原理如下。

人工神经元是神经网络的基本元素，其原理可以用图 8-41 表示。

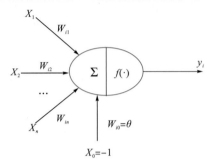

图 8-41　神经网络的一个处理单元

图 8-41 中，$X_1 \sim X_n$ 是从其他神经元传来的输入信号；W_{ij} 表示从神经元 j 到神经元 i 的连接权值；θ 表示一个阈值(threshold)，或称为偏置(bias)。神经元 i 的输出与输入的关系如下：

$$\text{net} = \sum_j^n W_{ij} X_j - \theta \tag{8-13}$$

$$y_i = f\left(\text{net}_i\right) \tag{8-14}$$

式中，y_i 为神经元 i 的输出；$f\left(\text{net}_i\right)$ 为激活函数(activation function)或转移函数(transfer function)；net 为净激活(net activation)。

一个典型的前馈神经网络如图 8-42 所示。

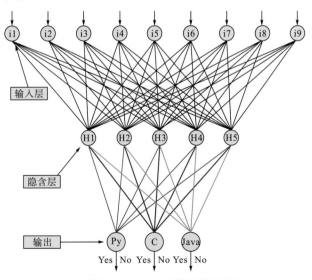

图 8-42　一个简单的神经网络

神经网络可以选多个隐含层。多个隐含层会增加训练时间,最重要的是,隐含层越多,越容易导致过拟合现象的发生。在大多数情况下,选用一个隐含层就足够了(可由 Kolmogorov 定理证明)。在隐含层中,神经元的个数非常重要,神经元太少可能不能反映因素之间的复杂关系,神经元太多则会增加训练时间,并且降低神经网络的泛化能力。选择隐含层神经元的方法如下:

$$N = c\sqrt{mn} \tag{8-15}$$

式中,N 为隐含层神经元个数;c 为修正经验函数(一般取 4);m 输入参数个数;n 为输出参数个数。

2. 算例验证

为验证神经网络算法的精确性,随机给出表 8-17 所列训练数据集,其中 a 和 b 是输入函数,c 是训练的目标函数。

表 8-17 训练数据集表

a	b	$c=a^{0.5}+b^{0.5}$	a	b	$c=a^{0.5}+b^{0.5}$
5	256	18.236068	15	15	7.7459667
26	1	6.0990195	56	15	11.356298
56	156	19.973311	23	15	8.6688149
23	2	6.2100451	31	656	31.180261
220	23	19.628228	20	30	9.9493615
663	66	33.872825	4	66	10.124038
232	65	23.293804	14	33	9.48622
63	32	13.594108	14	23	8.5374889
56	3	9.2153656	84	16	13.165151
516	66	30.839672	63	23	12.733085
156	3	14.222047	33	44	12.377812
152	16	16.328828	6	7	5.0952411
15	61	11.683233	16	196	18
79	156	21.37819	71	66	16.550188
174	156	25.680902	16	156	16.489996
156	15	16.362979	6156	11	81.776806
156	154	24.89967	13	1561	43.115044
231	156	27.68868	3156	631	81.298001
561	156	36.175435	165	224	27.811862
156	154	24.89967	154	82	21.465059
156	2	13.90421	285	415	37.253492
285	25	21.881943	446	3	22.850763
516	14	26.457291	23	3	6.5278823
123	302	28.468684	302	414	37.725137
23	2	6.2100451	22	212	19.250636
302	2	18.792361	35	526	28.85077

续表

a	b	$c=a^{0.5}+b^{0.5}$	a	b	$c=a^{0.5}+b^{0.5}$
32	23	10.452686	2	230	16.579964
1	7	3.6457513	4	61	9.8102497
14	51	10.883086	30	551	28.950615
2	10	4.5764912	26	3	6.8310703

　　模型计算结果及误差分析如表 8-18 所示。结果显示基于上述程序的神经网络方法模拟结果精度较高，输出误差在 8%以内，可以用来解决一定结构的非线性问题。

表 8-18　测试数据集的输出结果与误差

a	b	$c=a^{0.5}+b^{0.5}$	输出	误差 1%
21	5	6.818644	6.7781	−0.5946
411	241	35.79731	36.7144	2.561897
410	30	25.72568	26.2083	1.876015
163	1	13.76715	14.8049	7.537907
52	31	12.77887	11.7277	−8.22582

3. 压后产能递减因素分析

　　为了直观地分析本区块油井压后产能递减规律，选取压裂施工后产量短期内下降明显的 12 井次代入神经网络模型进行训练，主要研究的产能递减相关参数包括有效厚度、总液量、砂比、渗透率、孔隙度、施工排量、产量递减速度，如表 8-19 所示。

表 8-19　神经网络模型选取井次及参数

井次	有效厚度/m	渗透率/($\times 10^{-3}\mu m^2$)	孔隙度/%	总液量/m^3	砂比	施工排量/($m^3 \cdot min^{-1}$)	产量递减速度/($m^3 \cdot M^{-1}$)
1	23.5	76.8	17.9	157.3	0.155	4.00	136.90
2	14.3	41.3	13.8	170.2	0.163	3.60	73.92
3	6.0	2.2	13.0	140.2	0.270	3.42	112.10
4	7.3	2.0	13.8	124.6	0.129	3.00	101.10
5	2.5	8.0	17.0	180.4	0.146	3.10	24.82
6	10.3	76.8	17.9	157.3	0.203	4.57	85.65
7	6.0	2.2	11.6	140.2	0.270	3.42	112.10
8	3.0	14.5	12.1	120.8	0.153	3.60	49.22
9	7.0	6.4	18.0	290.4	0.149	3.48	120.80
10	6.0	6.4	10.16	146.9	0.115	3.45	64.10
11	8.7	1.82	13.49	130.4	0.097	3.02	372.40
12	9.0	22.6	13.8	331.8	0.196	3.49	89.20

　　将以上样本(表 8-19)代入神经网络训练程度，误差收敛性较强，有较高的拟合优度。为了确定表中各参数对产能递减规律影响的强弱程度，在一定范围内依次改变每个参数的

数值作为测试样本输入已搭建的神经网络中进行计算。

1) 有效厚度

图 8-43 给出了油层有效厚度在 5～25 m 范围内所对应的本区块压裂井压后产量递减速度。对表中数据进行分析,在油层有效厚度逐渐增大的过程中,产量递减速度逐渐减小。当有效厚度大于 10 m 后,递减速度减小趋势变缓,直至厚度大于 15 m 后,产量递减速度基本维持稳定。从整个训练过程来看,随着油层有效厚度的增大,产量递减速度减小幅度超过 30%。说明压开油层有效厚度是影响压后产量递减的重要因素。

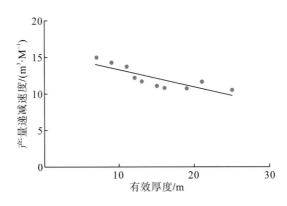

图 8-43　有效厚度与产量递减速度的关系

2) 孔隙度

将孔隙度为 10%～50%的测试数据代入以上神经网络模型,得到所选井次储层孔隙度与产量递减速度的关系,如图 8-44 所示。可以看出,递减速度随储层孔隙度增大而持续减小,且减小幅度没有明显变缓的趋势。分析整个训练过程,递减速度在孔隙度增长的范围内,减小幅度接近 70%,说明在压裂施工中沟通高孔隙度储层是压后稳产的关键。

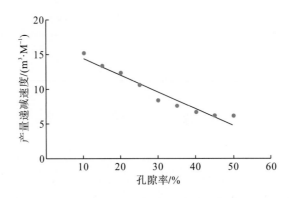

图 8-44　储层孔隙度与产量递减速度的关系

3) 渗透率

将渗透率 $5 \times 10^{-3} \sim 50 \times 10^{-3}$ μm^2 代入神经网络进行训练,可以得到渗透率与压后产量递减速度的关系，如图 8-45 所示。可以看出，递减速度随渗透率的增大而快速减小。在渗透率变化范围内，产量递减速度减小幅度超过 70%，说明油层渗透率是控制稳产期长短的决定性因素。

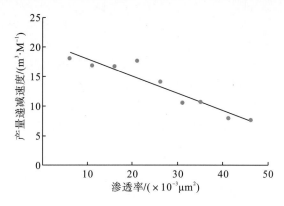

图 8-45 储层渗透率与产量递减速度的关系

4）施工总液量

调节压裂施工总液量代入所搭建的神经网络模型进行计算。图 8-46 反映了总液量与压后产量递减速度的关系。从图中可以看出，随着总液量从 100 m³ 增加到 500 m³，压后的产量递减速度没有发生显著的变化，在本区块建立的神经网络中训练的整个过程中基本维持不变，说明压裂施工总液量与压后产量递减速度相关性不明显。

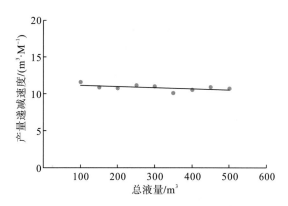

图 8-46 施工总液量与产量递减速度的关系

5）砂比

将砂比范围设定为 10%～30%，代入所搭建的神经网络模型进行训练，得到压裂施工中的砂比与压后产量递减速度的关系，如图 8-47 所示。可以看出，递减速度随着砂比的增大而逐渐减小。总体上，砂比对于压裂施工后的产量递减速度的影响效果大于总液量对其的影响。

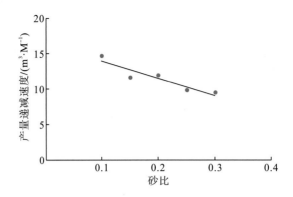

图 8-47   砂比与产量递减速度的关系

6）施工排量

压裂施工排量是压裂过程中的重要参数，为研究施工排量对于压后产量递减速度的影响规律，取施工排量范围为 $2 \sim 5$ m³/min，代入神经网络模型进行训练，获得了施工排量与产量递减速度的关系，如图 8-48 所示。总体上，施工排量增大会使压后产量递减速度有一定的减小，但减小幅度小于 30%。

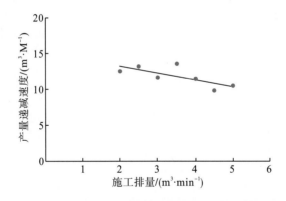

图 8-48   施工排量与产量递减速度的关系

基于上述神经网络模型对压后产量递减速度的变化规律进行分析，油层孔隙度、渗透率、有效厚度等地质参数对于压后产量递减速度的影响要大于压裂施工参数。其中，孔隙度和渗透率的影响更加显著。对于施工参数，砂比对于压后产量递减速度的影响大于施工排量和总液量，所以在压裂施工中，可以通过提高砂比来促进压裂效果，延长区块压后稳产期。

第 9 章　提高压裂井长效导流能力工艺技术分析

9.1　薄层压裂控缝高对策研究

缝高失控、产层不能有效铺砂是长期以来玉门油田面临的关键问题。玉门油田 K_1g_1、K_1g_3 储层，平均单层有效厚度仅为 2~3 m，构造应力极强，部分深层的垂向应力甚至也低于最小水平主应力。除此之外，目标区块的天然裂缝发育程度较高，造就了该区块极其复杂的水力裂缝延伸模式。本章针对玉门油田的地质特征，建立了考虑多种情况的裂缝宽度、裂缝高度模型，分析了缝高控制因素，初步提出了加砂方案的优化理念。

9.1.1　C4 井分层应力参数分析

目标区块的地应力分布情况极其复杂，构造应力较强，最小水平主应力与垂向应力差值在 0 值附近震荡，并且纵向上差异很大，存在明显的波动现象。以 C4 井为例进行分析，C4 井的测井解释地应力参数如表 9-1 所示；测井解释的油气显示情况如表 9-2 所示。

表 9-1　C4 井的测井解释地应力参数

深度 /m	上覆压力 /MPa	最大水平主应力 /MPa	最小水平主应力 /MPa	破裂梯度 /MPa	射孔情况
4939	116.05	174.34	117.15	136.51	
4940	116.08	187.22	122.19	146.42	第一 射孔段
4941	116.1	212.79	127.06	136.96	
4942	116.12	169.01	115.77	138.52	
4943	116.15	177.63	118.35	141.67	—
4944	116.17	186.6	122.07	146.44	
4945	116.19	191.34	124.34	150.48	
4946	116.21	186.47	121.13	145.02	第二 射孔段
4947	116.24	201.99	123.22	133.02	
4948	116.26	177.63	118.26	141.22	
4949	116.28	180.86	119.22	142.38	—
4950	116.31	178.43	118.42	141.17	
4951	116.33	196.33	125.38	152.09	第三 射孔段
4952	116.35	186.62	121.35	146.28	
4953	116.37	168.59	115.63	140.12	
4954	116.4	173.11	116.85	141.14	
4955	116.42	173.96	112.16	122.19	—
4956	116.44	176.09	117.01	140.06	

深度 /m	上覆压力 /MPa	最大水平主应力 /MPa	最小水平主应力 /MPa	破裂梯度 /MPa	射孔情况
4957	116.46	179.3	118.48	142.46	
4958	116.49	155.95	105.12	113.93	
4959	116.51	154.48	104.25	112.27	第四 射孔段
4960	116.53	134.72	97.34	105.95	
4961	116.55	150.18	111.6	137.07	
4962	116.57	153.45	112.26	137.70	
4963	116.6	158.14	113.16	137.87	
4964	116.62	153.83	112.28	137.35	
4965	116.64	159.6	113.5	138.08	
4966	116.66	175.23	117.62	142.08	
4967	116.69	173.54	117.08	141.36	
4968	116.71	170.48	116.04	139.90	—
4969	116.73	167.71	115.36	139.33	
4970	116.76	171.4	116.41	140.40	
4971	116.78	164.48	114.57	138.44	
4972	116.8	161.16	113.78	137.67	
4973	116.82	156.16	112.74	137.11	
4974	116.85	152.11	112.02	136.83	
4975	116.87	171.05	117.56	136.61	
4976	116.89	182.92	118.29	125.59	
4977	116.92	170.08	114.01	121.39	第五 射孔段
4978	116.94	161.93	111.24	118.48	
4979	116.96	154.49	112.65	130.75	
4980	116.98	156.45	112.97	130.58	
4981	117	157.35	113.21	131.05	
4982	117.03	159.34	113.61	131.23	
4983	117.05	155.63	112.86	130.60	
4984	117.07	155.54	112.85	130.63	
4985	117.09	154.46	112.55	129.66	
4986	117.12	169.6	116.07	133.97	
4987	117.14	152.48	112.23	129.56	—
4988	117.16	159.66	113.66	130.94	
4989	117.18	157.61	113.27	130.86	
4990	117.21	155.74	112.85	129.89	
4991	117.23	163.63	114.61	131.91	
4992	117.25	173.28	117.17	135.43	
4993	117.28	177.01	118.36	137.21	
4994	117.3	179.49	121.45	142.38	
4995	117.32	154.81	112.77	129.37	

续表

深度 /m	上覆压力 /MPa	最大水平主应力 /MPa	最小水平主应力 /MPa	破裂梯度 /MPa	射孔情况
4996	117.34	153.06	112.47	129.15	
4997	117.37	165.03	115.03	131.97	
4998	117.39	175.13	117.99	136.20	
4999	117.41	160.44	114.07	131.17	
5000	117.44	169.05	116.22	133.65	
5001	117.46	168.18	116.02	133.68	
5002	117.48	180.47	119.73	139.16	
5003	117.5	180.26	119.48	138.38	
5004	117.53	175.89	118.25	136.81	
5005	117.55	188.56	121.97	141.69	
5006	117.57	183.99	120.56	139.67	
5007	117.6	183.61	120.37	139.29	
5008	117.62	180.19	119.58	138.82	
5009	117.64	175.25	118.15	136.85	
5010	117.66	170.32	116.45	133.52	
5011	117.69	166.32	114.17	133.84	
5012	117.71	162.12	108.84	116.13	
5013	117.73	172.78	117.16	138.96	
5014	117.76	169.58	116.5	138.69	
5015	117.78	190.78	120.24	130.79	
5016	117.8	181.78	116.08	124.15	第六 射孔段
5017	117.82	172.71	112.65	120.11	
5018	117.85	176.18	113.36	122.94	
5019	117.87	170.78	116.87	139.03	

表 9-2　测井解释的油气显示情况

井段 /m	层厚 /m	自然伽马 /API	声波时差 /(μs·m^{-1})	深侧向电阻率 /(Ω·m)	浅侧向电阻率 /(Ω·m)	孔隙度 /%	渗透率 (×10^{-3}μm^2)	含水饱和度 /%	结论
4940.4～4942.0	1.6	83	224	7.6	8.2	8.0	1.1	60.0	差油层
4946.5～4948.0	1.2	84	225	12.6	13.0	8.0	1.2	60.0	差油层
4951.4～4952.8	1.4	95	229	10.3	9.8	10.0	13.5	50.0	差油层
4958.0～4960.8	2.8	82	290	9.6	12.3	14.4	27.0	26.0	油层
4975.6～4978.8	3.2	97	260	9.0	10.5	10.0	5.2	60.0	差油层
5016.0～5018.6	2.6	88	248	13.9	18.8	10.0	4.2	60.0	差油层

对比各含油层对应的射孔段地应力数据，可以得到如下结论。

(1)第一至第三射孔段对应目标层段为差油层，最小水平主应力高于垂向应力(上覆岩层压力)，即便附近有低应力层位可以发生破裂，在该处的油层中也会形成 T 形缝或者复杂缝，难以实现有效铺砂。

第四射孔段解释为油层，最小水平主应力明显低于垂向应力，水力裂缝初期会形成在4958～4960 m 处，在净压力获得充足的提升后，主要会向下方最小水平主应力较低的层位扩展。

第五射孔段会形成垂直缝，但由于最小水平主应力较第四射孔段高，因此其开启时间应该落后于第四射孔段。

第六射孔段距离明显破裂点较远，本身的破裂压力又在 120 MPa 以上，能否破裂，破裂后又能否延伸，有待实践检验。

(2)由于工区多薄层发育，水平主应力在纵向上的分布相当散乱。在进行不同井次的设计时，应该充分分析测井解释的地应力分布结果。例如，本井第一、第二、第三射孔段，应该予以放弃，因为该层段既无法破裂，在其他点破裂后也不能开启，射开此段空费成本、收效甚微。而本井的主力层位第四射孔段和第五射孔段距离很近，两段之间没有明显的应力隔层，因此在压裂过程中，必定会位于同一条垂直裂缝中，从而使良好的油气层位于水力裂缝的上方，如果不能提高支撑剂砂堆的平衡高度让水力裂缝被充分支撑，必然会舍本逐末，将大量的支撑剂都铺置到不太理想的层位。

(3)工区的地应力差异很大，在同一裂缝中必然会由于一些位置的高应力夹层而出现颈缩的现象，使上、下两层的支撑剂不能相互交流。在模拟时，如果采用常规模型，则大量地平均化处理最小水平主应力，必定会忽略很多裂缝延伸过程中的缝宽变化细节，从而影响模拟的准确程度，降低铺砂效率。

9.1.2 纵向地应力波动对压裂的影响

除小型压裂测试，地应力资料一般都需要通过测井曲线计算获得。由测井曲线得到的地应力剖面在层间或层内都会存在明显波动，显示出地层沉积的时序特性。但在使用经典模型计算裂缝宽度时，简化了平均最小水平主应力的分布，粗化了输入参数，当然也就增加了模拟输出结果的不确定性。因此采用类似数值积分中复化矩形法的思路，将地应力分布函数离散成多个矩形，再通过叠加原理求解综合裂缝宽度。

1. 基于测井解释数据的裂缝宽度模型

现考虑在无限大地层中，存在一条裂缝处在平面应变条件下，在裂纹面上的某一段受载荷 p_n 作用，其他几何参数如图 9-1 所示。首先，根据韦斯特加德弹性理论，可以将复空间的应力函数假设为如下形式：

$$\Phi = \mathrm{Re}\,\overline{Z} + y\,\mathrm{Im}\,\overline{Z} \tag{9-1}$$

其中，

$$\overline{Z} = \int Z\,\mathrm{d}z, \quad \overline{\overline{Z}} = \int \overline{Z}\,\mathrm{d}z$$

式中，Z 为令式(9-1)满足边界条件的某一解析函数，MPa。

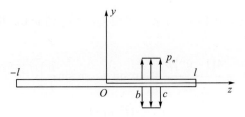

图 9-1　数值裂缝宽度计算的基本单元

由应力函数的定义和柯西-黎曼条件，可得上述应力函数决定的正应力和切应力分布情况：

$$\begin{cases} \sigma_x = \dfrac{\partial^2 \Phi}{\partial y^2} = \mathrm{Re}Z - y\mathrm{Im}Z' \\[2mm] \sigma_y = \dfrac{\partial^2 \Phi}{\partial x^2} = \mathrm{Re}Z + y\mathrm{Im}Z' \\[2mm] \tau_{xy} = -\dfrac{\partial^2 \Phi}{\partial x \partial y} = -y\mathrm{Re}Z' \end{cases} \tag{9-2}$$

式中，σ_x、σ_y、τ_{xy} 分别为 x 方向的正应力、y 方向的正应力和切应力，MPa；Z' 为 Z 的一阶导数。

将式(9-2)代入平面应变条件下的胡克定律中，可以得到复空间中的应变分布情况：

$$\begin{cases} \varepsilon_x = \dfrac{1}{2G}\big[(1-2\nu)\mathrm{Re}Z - y\mathrm{Im}Z'\big] \\[2mm] \varepsilon_y = \dfrac{1}{2G}\big[(1-2\nu)\mathrm{Re}Z + y\mathrm{Im}Z'\big] \\[2mm] \gamma_{xy} = -\dfrac{y}{2G}\mathrm{Re}Z' \end{cases} \tag{9-3}$$

式中，ε_x、ε_y、γ_{xy} 分别为 x 方向的正应变、y 方向的正应变和切应变，无量纲；ν 为泊松比；G 为剪切模量，MPa。

再根据几何方程，对应变沿作用方向积分，可以得到上述应力函数决定下的位移分布：

$$\begin{cases} u = \dfrac{1}{2G}\big[(1-2\nu)\mathrm{Re}\overline{Z} - y\mathrm{Im}Z\big] \\[2mm] v = \dfrac{1}{2G}\big[2(1-\nu)\mathrm{Im}\overline{Z} - y\mathrm{Re}Z\big] \end{cases} \tag{9-4}$$

式中，μ、v 分别为 x 方向的位移和 y 方向的位移，m。

Todd 等[20]根据集中力作用下的应力解，叠加得到如图 9-1 所示的情况，需要的解析函数如下：

$$\begin{aligned} \overline{Z} = \int Z \,\mathrm{d}z = \dfrac{p_n}{\pi} \Bigg[&\left(\arcsin\dfrac{c}{l} - \arcsin\dfrac{b}{l}\right)\sqrt{z^2 - l^2} + (z-c)\arcsin\dfrac{(l^2 - cz)}{l(z-c)} \\ &- (z-b)\arcsin\dfrac{(l^2 - bz)}{l(z-b)} \Bigg] \end{aligned} \tag{9-5}$$

计算裂纹开度时，仅与式(9-4)的第二式相关，考虑到$y=0$，并进行虚部和实部的分离可得裂缝宽度表达式为

$$W_n = \frac{4(1-\nu^2)p_n}{\pi E}\left[\left(\arcsin\frac{c}{l}-\arcsin\frac{b}{l}\right)\sqrt{l^2-z^2}\right.$$
$$\left.+(c-z)\operatorname{arcosh}\frac{(l^2-cz)}{l|z-c|}-(b-z)\operatorname{arcosh}\frac{(l^2-bz)}{l|z-b|}\right] \tag{9-6}$$

式(9-6)即为数值裂缝宽度计算的基本叠加单元。在对实测曲线进行计算时，只需按裂缝高度方向离散，分别计算每一段矩形应力对裂缝宽度的影响，再叠加起来即可。由于裂缝中固定位置只对应一个压力，因此从理论上讲，该模型可以计算任意应力分布情况下的裂缝宽度分布。

2. 裂缝宽度模型的验证

针对图9-2所示的应力分布，可用式(9-7)算出裂缝宽度分布的解析式(9-8)。

$$\begin{cases} F(T)=-\frac{T}{2\pi}\int_0^T\frac{f(z)}{\sqrt{T^2-z^2}}\mathrm{d}z \\ G(T)=-\frac{1}{2\pi T}\int_0^T\frac{zg(z)}{\sqrt{T^2-z^2}}\mathrm{d}z \\ W=-16\frac{1-\nu^2}{E}\int_{|z|}^l\frac{F(T)+zG(T)}{\sqrt{T^2-z^2}}\mathrm{d}T \end{cases} \tag{9-7}$$

$$W=\frac{4(1-\nu^2)k}{\pi E}\left[l\sqrt{l^2-z^2}+z^2\ln\frac{\left(l+\sqrt{l^2-z^2}\right)}{|z|}\right] \tag{9-8}$$

式中，$f(z)$为作用于缝面的偶分布应力，MPa；$g(z)$为作用于缝面的奇分布应力，MPa；$F(T)$为偶分布应力的中间积分函数，MPa·m；$G(T)$为奇分布应力的中间积分函数，MPa；T为积分中间变量，m；ν为泊松比，无量纲；E为弹性模量，MPa；W为裂缝宽度，m；k为载荷沿z方向的变化率，MPa/m。

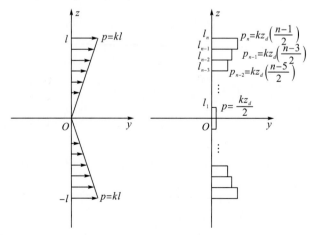

图9-2　数值裂缝宽度计算的基本模型

根据本书建立的数值裂缝宽度模拟思路，可得在图 9-2 所示应力分布下的数值裂缝宽度计算式：

$$W = \frac{4(1-\nu^2)}{\pi E} \sum_{i=1}^{n} k z_d \left(i - \frac{1}{2} \right) \left[(l_i - z) \text{arcosh} \frac{(l^2 - l_i z)}{l|z - l_i|} \right.$$
$$\left. + \left(\arcsin \frac{l_i}{l} - \arcsin \frac{l_{i-1}}{l} \right) \sqrt{l^2 - z^2} - (l_{i-1} - z) \text{arcosh} \frac{(l^2 - l_{i-1} z)}{l|z - l_{i-1}|} \right] \tag{9-9}$$

式中，l_i 为应力离散后的第 i 个节点（令 $l_0=0$），m。

根据式(9-8)和式(9-9)所得的曲线如图 9-3 所示。可以看出，随着细分的段数增多，数值裂缝宽度计算模型得到的裂缝剖面形状越接近解析解。当 $n=2$ 时，实际上是均匀应力分布剖面；当 $n \geqslant 32$ 时，数值裂缝宽度计算曲线与解析解计算曲线基本重合。该实例证实，数值裂缝宽度计算模型的结果与解析解吻合良好，并且随着步长的减小，精确程度不断提高[21]。

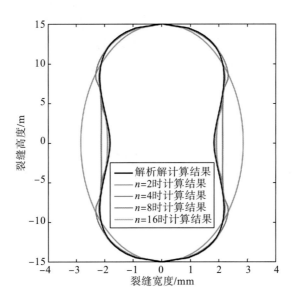

图 9-3　数值裂缝宽度计算的结果

3. 不同纵向应力扰动模式下的裂缝宽度分布

真实的地应力分布都存在一定的波动，假定这些波动按余弦函数分布，则可以分析经典模型平均化假设的准确性。考虑在原有的应力分布下存在一个地应力扰动，如式(9-10)所示。注意到当裂缝高度和储层厚度为周期的偶数倍时，式(9-10)的附加扰动并不影响各层的平均应力。

$$\sigma_{\text{add}} = A \cos(2\pi m z) \tag{9-10}$$

式中，A 为扰动的振幅，MPa；m 为扰动的频率，m^{-1}。

采用经典平均化模型和数值裂缝宽度模型得到的裂缝宽度剖面，如图 9-4 和图 9-5 所示。这些实例都将裂缝分为了 2000 段进行模拟。

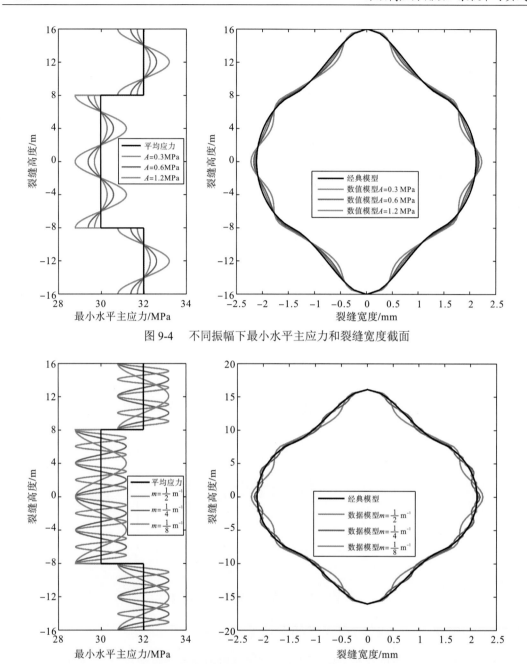

图 9-4 不同振幅下最小水平主应力和裂缝宽度截面

图 9-5 不同频率下最小水平主应力和裂缝宽度剖面

由图 9-4 可以看出，当地应力发生变化时，裂缝宽度也会出现明显的波动，但该波动随应力扰动振幅的减小而减弱。

图 9-5 显示，当地应力扰动项的频率增大时，经典模型与数值模型的偏差减小，数值裂缝宽度的计算解会在经典模型解附近快速震荡，非常类似于 Warpinski 等[22]在矿井实验中观察到的真实裂缝。纵向上的裂缝宽度震荡，还会增加裂缝壁面的粗糙度，增加液体的垂向摩阻，这应该是当前裂缝延伸模型的模拟裂缝高度普遍高于真实裂缝高度的原

因之一。

图 9-4 和图 9-5 计算得到的各种裂缝宽度剖面虽然有较大区别，但其平均裂缝宽度的差值在 0.01mm 以下，忽略裂缝受纵向应力影响的复杂特性对裂缝长度和裂缝高度并不会产生显著影响。但在计算裂缝宽度时，却会有明显不同，会在一定程度上影响铺砂效率。

4. 实例井模拟与压裂施工建议

利用建立的数值裂缝宽度模型，模拟了 C4 井第四、第五射孔段，裂缝剖面形态随净压力的变化情况。根据表 9-1 的测井解释结果，选取 4958～4991 m 作为研究对象，离散数值化的应力强度因子可以采用式(9-11)和式(9-12)计算。

$$K_I\big|_{+a} = p_n \sqrt{\frac{l}{\pi}} \left\{ \arcsin\frac{c}{l} - \arcsin\frac{b}{l} - \left[\sqrt{1 - \left(\frac{c}{l}\right)^2} - \sqrt{1 - \left(\frac{b}{l}\right)^2} \right] \right\} \tag{9-11}$$

$$K_I\big|_{-a} = p_n \sqrt{\frac{l}{\pi}} \left\{ \arcsin\frac{c}{l} - \arcsin\frac{b}{l} + \left[\sqrt{1 - \left(\frac{c}{l}\right)^2} - \sqrt{1 - \left(\frac{b}{l}\right)^2} \right] \right\} \tag{9-12}$$

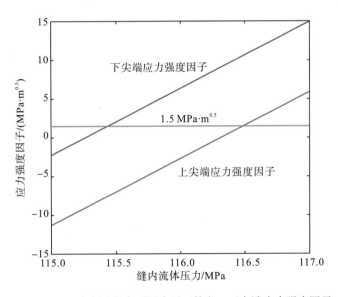

图 9-6　选定层段在不同流压下的上、下尖端应力强度因子

所选区域形成裂缝后，流压和上、下尖端的应力强度因子计算值如图 9-6 所示。由图 9-6 可知，若假设目标区块盖层和底层的断裂韧性均为 1.5 MPa·m$^{0.5}$，根据延伸判定准则式(9-13)，在缝内流压高于 115.45 MPa 时，选定层段的水力裂缝有可能向下延伸，当缝内流压高于 116.5 MPa 时，选定层段的水力裂缝有可能向上延伸。本节所选层段为 4958～4991 m，在缝内流压低于 115.45 MPa 时，裂缝高度是恒定的。

$$K_I > K_{IC} \tag{9-13}$$

式中，K_I 为应力强度因子，MPa·m$^{0.5}$；K_{IC} 为断裂韧性，MPa·m$^{0.5}$。

根据上述分析，可以通过数值裂缝宽度计算模型，计算在不同缝内流压下的裂缝宽度剖面形态(模拟结果如图 9-7 所示)，分析支撑剂去向和铺置效率问题。

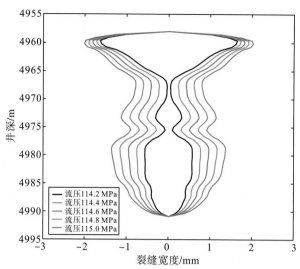

图 9-7　选定层段在不同流压下的裂缝宽度剖面

根据图 9-7 的模拟结果，可以得到如下分析结果。

（1）对比图 9-7 和施工设计中 PT 软件模拟得到的结果（图 9-8），可以发现真实的裂缝宽度剖面和均匀化假设后的裂缝宽度剖面存在很大差异。采用均匀化假设后的裂缝宽度剖面相对光滑，而采用录入测井数据得到的裂缝宽度剖面则出现了明显的多段颈缩。特别是在压裂施工初期，缝内流体压力较低时，更是体现出了明显优势的进砂通道；而在压裂施工的末期，缝内流体压力较高时，平均裂缝宽度的差异逐步减小。若在净压力较低时，泵入支撑剂段塞，则很可能会导致支撑剂各走各的通道，让支撑剂的分布极端不均匀，影响压后效果。通过对近几年来的施工资料进行分析，可以看出目标区块在长期的压裂设计实践与优化中，前置液比例有不断增大的趋势，这与上述分析结果不谋而合。

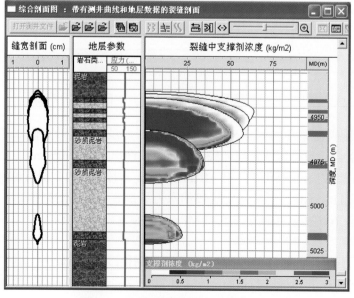

图 9-8　PT 软件模拟得到的裂缝几何形态

（2）图 9-7 中的油层为 4958～4961 m，差油层为 4976～4979 m，在油层附近的最小水平主应力较低，可以形成进砂通道，而在差油层附近不仅没有进砂通道，反而还产生了颈缩。结合表 9-1 不难发现，油层不仅物性好，最小水平主应力也较低，进砂效果应该较好，压裂效果较好；而差油层不仅物性差，最小水平主应力也很高，甚至在裂缝穿层后，会形成明显的颈缩，进砂效果较差，压裂过后也不一定有效果。在进行压裂设计时，应该明确目标，提高压裂施工成功率。

（3）就该井来说，在加大前置液量后，似乎也并不能收到良好的压后效果。因为第四、第五射孔段处于同一层位，油层位于裂缝的最上方，而差油层在裂缝中部，支撑剂砂堆一般很难在纵向上填满裂缝。因此，根据支撑剂砂堆平衡高度的计算方法，计算了施工后期（前期裂缝纵向剖面对支撑剂运移、沉降影响较大），支撑剂的堆积高度随时间变化的曲线。

图 9-9 显示，随着泵注排量的增大，支撑剂砂堆的平衡高度不断下降，沉降速度也逐渐变缓。1 m^3/min 排量泵注 12 min 后，支撑剂可以基本填满整条垂直裂缝，但在高排量情况下，支撑剂砂堆一般都在 30 m 以下，无法支撑裂缝上部的主要产层。就该井来说，似乎在施工压裂的早期裂缝高度还不太大时加砂，会收到更好的支撑剂填充效果。因此，基于玉门油田复杂的纵向应力分布，应该根据单井测井数据，具体情况具体分析，对不同的单井进行精细的压裂设计与模拟才能得到更好的施工效果和稳产能力。

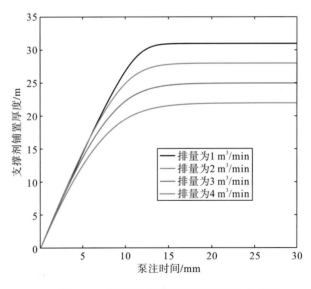

图 9-9　支撑剂铺置厚度随时间变化的曲线

9.1.3　强构造应力区的高排量反常砂堵

砂堵是严重的工程事故，长期的加砂压裂施工经验都认为，通过提高排量可以提升缝内净压力，从而增加水力裂缝宽度，防止砂堵。但在玉门油田的加砂压裂施工中却发现当排量高于一定值以后，反而会比排量较低时更容易形成砂堵。为了解释这种异常现象，首先归纳了形成砂堵的 3 种主要机理：储层的地质特性、施工参数和材料选取不合理及裂缝宽度过窄形成桥堵，分析认为裂缝宽度不足是形成砂墙的主要原因；然后在前期研究的基础上建立了同层平行多裂缝和穿隔层裂缝的宽度模型，模拟了排量升高、裂缝宽度减小的现象；分析了模型中各参数的敏感性，认为多裂缝模型中的主控因素是弹性模量和泊松比，而穿隔层模型中的主控因素是隔层外的最小水平主应力；最后提出了安全压力区的概念，将施工压力稳定在安全压力区内可以预防反常砂堵。

1. 砂堵机理分析

砂堵的成因繁多，综合这几年的研究成果来看，大致可分为 3 类：①储层的地质特性，如水敏或者结构松散引起黏土膨胀、运移，污染了压裂液，导致其携砂能力下降、摩阻增大；②施工参数和材料选取不合理，压裂液携砂性能、降滤能力太差，砂比过高，前置液量过低，施工排量过低等；③裂缝宽度不足，裂缝形态复杂，形成了弯曲裂缝或者多裂缝，降低了单条裂缝的宽度，岩石弹性模量高导致裂缝宽度不足，岩石塑性强导致裂缝延伸困难，整体的几何尺寸偏小等。砂堵的堵塞形式主要可以分为脱砂和桥堵两种。脱砂是指支撑剂过早沉降而形成的堵塞，这类砂堵的作用过程比较缓慢，受沉降速度的控制；桥堵是指支撑剂在通过宽度不足的裂缝时在裂缝壁面"架桥"形成的堵塞，其作用过程较脱砂快得多。第一类成因主要形成脱砂形式的砂堵，第三类成因主要形成桥堵形式的砂堵，第二类成因既可能形成脱砂，也可能形成桥堵。

2. 反常砂堵现象分析与模拟

就玉门油田的反常砂堵现象来看，低排量可以正常施工，说明储层没有发生水敏或黏土矿物运移，选取的施工参数和液体体系也是合理的，因此造成砂堵的原因一定是裂缝宽度不足。常规思路认为排量增大会使净压力升高，从而增大裂缝宽度，但该理论只能在同一物理背景下成立；如果排量升高让物理模型产生了变化，如形成了多裂缝或者裂缝高度延伸穿过了隔层，整条裂缝的宽度又重新分配，则该理论就不能成立了。因此针对多裂缝和穿隔层两种情况进行了模拟分析，观察是否会产生反常现象。

1)同层多裂缝分析

图 9-10(a) 是在默认取值下，最大裂缝宽度随缝内净压力变化的曲线。可以看出，无论在何时开启分支缝，总会造成最大裂缝宽度的大幅度减小。图中的横线分别为 3 倍 40 目砂粒径和 3 倍 20 目砂粒径，一般认为当裂缝宽度曲线位于该横线之下时对应粒径的支撑剂就会发生桥堵。不难看出单裂缝在净压力大于 2 MPa 后，最大裂缝宽度已远远大于 40 目砂的安全红线，但在净压力小于 2.7 MPa 时开启分支缝还是会使 40 目砂发生桥堵；单裂缝在净压力大于 2.8 MPa 后，不会形成 20 目砂的桥堵，但在净压力小于 4.6 MPa 时开启分支缝依然会使 20 目砂发生桥堵。

图 9-10(b) 是净压力为 3.5 MPa 时的诱导裂缝剖面(红色)和正常裂缝剖面(蓝色)可以看出，产生多裂缝时，裂缝宽度减小，裂缝高度略有减小。当单裂缝满足 3 倍粒径要求时，形成多裂缝，依然会发生砂堵。

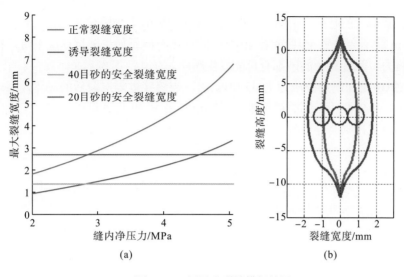

图 9-10　同层多裂缝模拟结果

由图 9-11 可以看出，产层和隔层的应力差减小，初始的裂缝宽度差（单缝和诱导裂缝宽度之差）变化不大，但其斜率大幅度增加，当净压力为 4.5 MPa 时，两者的裂缝宽度差已经有了接近 1 mm 的差距。在合理的变化范围内，弹性模量对于裂缝宽度差的影响大于泊松比。断裂韧性对裂缝宽度差影响不大，没有在图中给出。

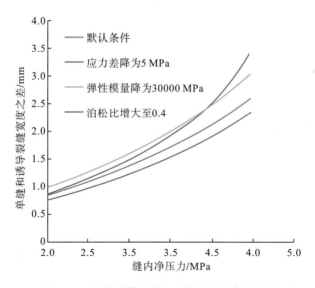

图 9-11　多裂缝模型中各参数对裂缝宽度差的影响

2）穿隔层分析

图 9-12（a）是在默认取值下，最大裂缝宽度随裂缝高度变化的曲线。通过观察可知，当隔层厚度不足时，裂缝穿过隔层会导致裂缝宽度减小。裂缝宽度减小的幅度受到隔层外应力的控制，隔层外的水平主应力越小，裂缝宽度减小的幅度越大，但是最终裂缝宽度都

会恢复到重新增大的趋势。由曲线的相交关系可以发现,当隔层足够厚时,仅需要裂缝高度大于 10 m 就不会发生 40 目或者 20 目砂的桥堵。但是如果隔层厚度不足,则根据不同的隔层外应力,两种粒径的砂都有可能发生桥堵。

　　图 9-12(b) 是在隔层外应力为 33 MPa 时,裂缝穿过隔层前后的对比,不难发现,如果维持排量、稳定泵压,则裂缝很难穿过隔层,采用 20 目砂可以正常施工。但如果提高排量、增加缝宽,则会导致裂缝穿过隔层,适得其反。

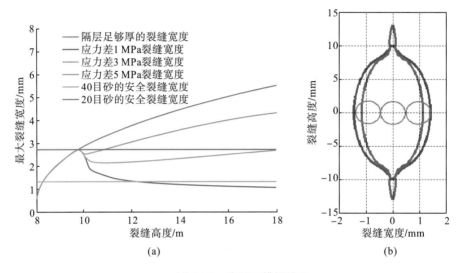

(a) 　　　　　　　　　　　　　　　(b)

图 9-12　穿隔层模拟结果

　　图 9-13 中的裂缝宽度差是指隔层足够厚时的裂缝宽度与穿过隔层后的裂缝宽度之差。从曲线斜率可以看出,穿隔层与多裂缝减小裂缝宽度的模式不同,随着施工的进行,多裂缝的减宽作用越来越强,而穿隔层的减宽作用趋于平缓。控制穿隔层模型效果的主要参数是隔层外的最小水平主应力,而控制多裂缝模型效果的主要参数则是岩石物性(弹性模量和泊松比)。在穿隔层模型中断裂韧性的影响依旧不明显。

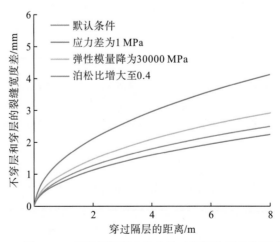

图 9-13　穿隔层模型中各参数对裂缝宽度差的影响

3)安全压力区的提出与应用

首先需要区别反常砂堵的类型:多裂缝的反常砂堵发生在天然裂缝较多发育且储层较软的地区;而穿隔层模型的反常砂堵发生在隔层较薄且隔层外水平主应力小的地区。

对于多裂缝形成的反常砂堵的预防措施:①采取前置液加砂技术降低天然裂缝的滤失,避免它在后续施工中开启;②加大前置液规模和排量,将净压力增大到诱导裂缝宽度也能让支撑剂通过且不发生桥堵的程度。

对于穿隔层形成的反常砂堵,理论上也可以采取加大前置液规模和排量的方法来预防,但是该方法造出的裂缝大部分都位于隔层外,会削弱压裂施工的增产效果。因此建议采用稳定排量,将净压力控制在安全区内的措施来预防砂堵。这里的安全压力区是指最大裂缝宽度大于 3 倍支撑剂粒径,但裂缝还在隔层内的一个压力区间。图 9-14 给出了隔层外应力为 31 MPa 时的安全压力区(1.5～3 MPa)。由多裂缝形成的反常砂堵不能使用安全压力区的方法,因为天然裂缝的开启压力难以确认,并且存在众多干扰因素。如果由上述方法求得的安全压力区过窄,则可以采取适当的控缝高手段扩展安全压力区的范围。值得注意的是,虽然在裂缝穿过隔层之后,净压力快速下降,但是在地面这种压力下降难以观察出来,因为在穿过隔层的同时,立即会发生局部桥堵,造成井底压力升高。

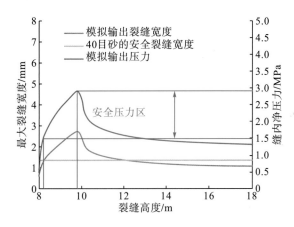

图 9-14　安全压力区示意图

3. 实例分析与改进

就玉门油田的实际地质情况来看,虽然该区块有天然裂缝的显示,但是最大、最小水平主应力差很大,天然裂缝很难被撑开,最多也就只能起到增加滤失的作用,因此,该区块的反常砂堵应该是水力裂缝穿隔层造成的。

在表 9-1 所示的地应力条件下,最原始的破裂点应该在 4960 m 处,然后逐步向上/向下扩展延伸。裂缝上高延伸到 4940～4952 m 处会遇到异常高的最小水平主应力,并且此时的垂向应力已经低于最小水平主应力,该层段难以突破。在裂缝下高的延伸中,止裂的位置不太明确,在 4966～4970 m、4975～4976 m 和 4992～4994 m 都会遇到比较明显的应力隔层。在水力裂缝突破这些薄隔层,并遇到滤失较大的层位,导致净压力无法维持时，就会造成裂缝宽度反而减小的现象。根据 9.1.2 节的方法，模拟得到的裂缝宽度变化如图 9-15 所示。

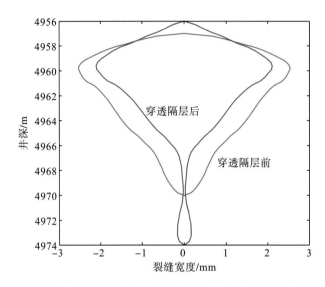

图 9-15　水力裂缝穿过隔层时的裂缝宽度变化

9.1.4　层间缝控缝高机理模拟分析

层间缝等地质构造形成的结构弱面会造成层间滑移，从而抑制裂缝的垂向延伸，其原理如图 9-16 所示。玉门油田经常会出现水平主应力高于垂向应力的情况，因此，发生层间滑移的可能性极大。

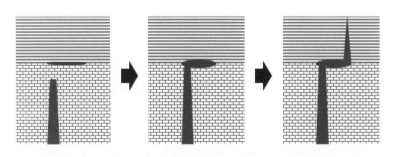

图 9-16　层间缝抑制裂缝高度扩展的机理

层间滑移裂缝的几何形态扭曲成了含有水平组分的复杂裂缝，所以无法使用常规方法进行模拟与定量分析[23]。为了确定层间缝对裂缝高度控制作用的大小，在非连续分布正应力等效平面缝的理论基础上，分别考虑 K 判据和 COD 判据建立了包含净压力，裂缝高度，地层应力，断裂韧性，层间缝长度、倾角及其距裂缝中心的距离等参数的数学模型。

分析了层间缝长度和层间缝倾角对缝高扩展的影响，结果如图 9-17～图 9-19 所示。

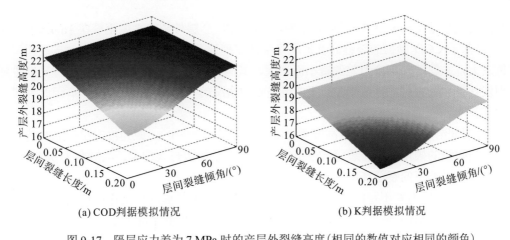

(a) COD判据模拟情况　　　　　　　　　　　(b) K判据模拟情况

图 9-17　隔层应力差为 7 MPa 时的产层外裂缝高度(相同的数值对应相同的颜色)

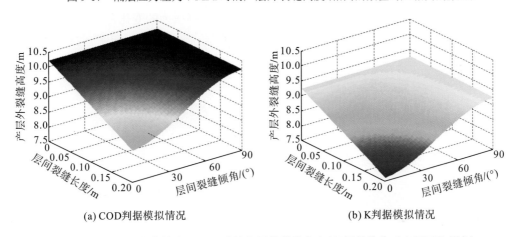

(a) COD判据模拟情况　　　　　　　　　　　(b) K判据模拟情况

图 9-18　隔层应力差为 8 MPa 时的产层外裂缝高度(相同的数值对应相同的颜色)

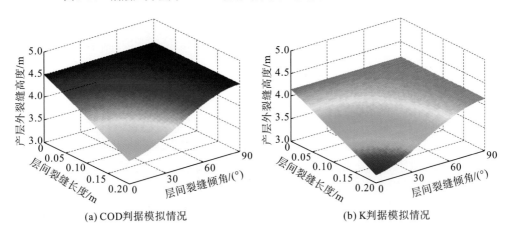

(a) COD判据模拟情况　　　　　　　　　　　(b) K判据模拟情况

图 9-19　隔层应力差为 9 MPa 时的产层外裂缝高度(相同的数值对应相同的颜色)

　　图 9-17～图 9-19 中的产层外裂缝高度是指裂缝超出产层的部分, 即 $s(\cos\theta-1)+l-d$。根据模拟结果可以得出在层间缝影响下的裂缝高度扩展规律。

　　(1)隔层应力差对裂缝高度的影响是非常显著的, 当隔层应力差为 9 MPa 时, 产层外裂缝高度不超过 4.5 m；当隔层应力差为 7 MPa 时，产层外裂缝高度至少在 16 m 以上。

（2）基于 COD 判据的裂缝高度扩展模型计算值比基于 K 判据的裂缝高度扩展模型计算值更大，并随着隔层应力差的减小而增大，具有更保守的判断，但 COD 裂缝高度扩展模型仅计算裂缝宽度，而无须进行基于裂缝受力情况的应力强度因子的计算，因此形式更加简洁。

（3）层间缝长度增大，裂缝高度明显减小，当长度为零时，即为没有层间缝时的裂缝高度；层间缝的倾角增大，裂缝高度呈半周期的余弦函数形式增大，当倾角为 90°时即为没有层间缝影响下的裂缝高度。

（4）在隔层应力差不足的情况下，层间缝对裂缝高度扩展的抑制作用更强。例如，当隔层应力差为 9 MPa 时，层间缝的存在仅能将裂缝高度减少 1 m 左右，当隔层应力差为 7 MPa 时，层间缝的存在可以将裂缝高度减少 5 m 左右。

固定裂缝高度，改变层间缝在垂向上的位置，研究静压力的变化，可知层间缝在垂向上相对位置对裂缝高度扩展的影响。根据这个思路，绘制了图 9-20 和图 9-21。

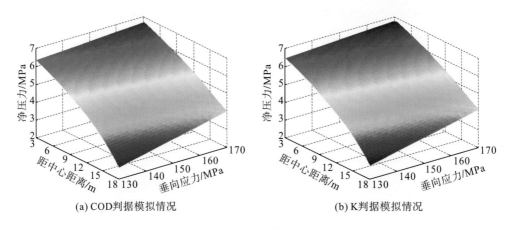

(a) COD判据模拟情况   (b) K判据模拟情况

图 9-20   隔层应力为 8 MPa 时层间缝相对位置对净压力的影响

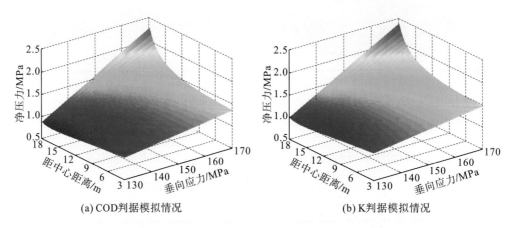

(a) COD判据模拟情况   (b) K判据模拟情况

图 9-21   隔层应力为 1 MPa 时层间缝相对位置对静压力的影响

图 9-20 中的 z 轴是临界延伸状态的净压力,在裂缝形态固定时,临界净压力越大,说明裂缝抵抗延伸的能力越强,裂缝高度也就更易保持。图 9-20 和图 9-21 显示:

(1) 相比于 K 判据和 COD 判据模拟裂缝高度的差异,两模型的净压力差异小很多,这是由于净压力的微小变化对裂缝高度有显著影响。

(2) 随着垂向应力的增加,层间缝对裂缝高度的控制作用呈线性上升,但是随着层间缝所处位置向裂缝中心移动,垂向应力的影响明显减弱,当隔层应力差不足时,垂向应力的影响尤为显著。

(3) 层间缝位置距中心距离对净压力的影响具有两面性,当隔层应力较大时,裂缝高度主要受隔层应力差控制,层间缝相对位置向尖端移动,导致裂缝穿入隔层的部分减小,因此裂缝不易受控,当隔层应力差较小时,裂缝高度主要受层间缝相对位置控制,层间缝越接近尖端,裂缝越容易受到控制。

9.1.5 控缝高工艺研究

由于大多数地层参数是不可改变的,而一部分工艺参数改变起来又比较困难,因此目前绝大多数控缝高工艺的最终目的都是增大隔层应力差。按照裂缝高度控制的原理可以将现有的控缝高工艺分为如下几类。

1. 构造人工隔层

通过在裂缝上、下尖端铺置隔离剂形成人工隔层,增加流体垂向流动阻力的方法称为构造人工隔层法。该方法减小了上、下尖端的流体净压力,相当于增加了隔层应力,长时间的应用证明,人工隔层具有良好的控缝高效果。人工隔层法的实现手段有很多,主要包括采用粉砂和空心微珠形成上、下隔层的控缝高技术,采用多粒径、多密度的隔离剂混合形成人工隔层的控缝高技术,采用液态凝胶形成液体胶塞的人工隔层控缝高技术和固化下沉式人工隔层控缝高技术。

2. 优化施工参数

优化施工参数控缝高的原理是在不改变压裂施工流程的前提下,通过对排量、液体黏度等参数进行优化达到抑制裂缝高度扩展的目的。该方法主要包括限制施工排量的控缝高技术、变排量控缝高技术、采用低黏或者 VES 压裂液降低施工净压力的控缝高技术和冷却地层的控缝高技术等。

3. 优选起裂位置

优选起裂位置方法比较依赖地应力的分布情况,主要包括岩性选择、应力选择等方面,一般选取渗透率低、应力较高的层位作为隔层有较好控缝高效果。

就玉门油田的具体储层地质条件来看,这 3 种类型的控缝高技术(表 9-3)都是可以实现的,但玉门油田的纵向地应力杂糅且复杂,有些油层的应力甚至高于上、下隔层;而人工隔层技术效果好,工艺成熟,且不受地层参数限制,是最适合玉门油田复杂应力地层控缝高的技术。

表 9-3　不同的控缝高技术及其适应性分析

控缝高技术	基本原理	优点	缺点
构造人工隔层	增加流体垂向压降，相当于增加了隔层应力差	对裂缝高度的控制效果较显著，不受储层条件限制	施工工艺较为复杂，需要加强机理研究
优化施工参数	控制排量、降低液体黏度和冷水降温的主要目的都是降低施工净压力	不需要改变施工流程，实施难度小	参数优选只能在可调范围内，控缝高的效果有限
优选起裂位置	通过前期地质资料，选取高应力的遮挡层来增加施工中的隔层应力差	技术成熟，实际上大多压裂和施工都要进行这一过程(选井选层)	受储层条件限制

人工隔层技术从 20 世纪 80 年代诞生到现在已经发展了近 40 年，形成了多种分支技术，包括以空心微珠作为上浮剂、100 目砂作为下沉剂的传统技术，以粗粒架桥、微粒填隙的双固相封堵技术，以不溶于水的凝胶封堵上、下裂缝尖端的化学封堵技术，以固相加液相在裂缝中反应固化的双组分封堵技术。

上述技术在油田应用过程中都取得了较好的效果，但是都有共同的缺陷，就是提供的隔层应力不足，无法对地应力严重失控(玉门油田也是类似情况)的储层进行施工。因此，西南石油大学李勇明等在原有的控缝高工艺的基础上，提出了凝胶人工隔层控缝高技术，其基本原理如下。

(1)泵注过程。固体的凝胶隔离剂可以随压裂液直接泵注到储层中。由于凝胶的粘连是通过温度控制的，因此保持较高的裂缝温度可以加快形成人工隔层的速度。但凝胶的泵注也不宜过早，否则水力裂缝尖端的裂缝高度无法控制。

(2)沉降过程。隔离剂的沉降速度受到隔离剂粒径、密度，携带液黏度、密度，排量，裂缝宽度等因素的影响，在施工中应该给出充足的沉降时间。

(3)成胶过程。成胶过程是指隔离剂在溶剂作用下粘连形成整体凝胶的过程，该过程的质量直接决定了人工隔层的强度。

(4)破胶过程。破胶过程要求胶体能够在加入破胶剂后完全破胶或者在成胶一段时间后自动破胶、返排，不给储层和水力裂缝造成伤害。

9.2　压裂裂缝壁面清洁技术研究

目前，压裂施工都以水基胍胶压裂液为主，而胍胶压裂液难以彻底破胶并返排出地层，返排周期长，甚至达到数年，并且只有 40%左右的压裂液能够被安全返排出来，大部分的胍胶压裂液都会残留在储层中造成堵塞，大大降低裂缝导流能力，使生产井在压裂后无法获得预期的生产效果。裂缝的导流能力是指压裂施工后由支撑剂所形成的裂缝通道允许油气流体通过的能力。支撑剂的排列方式、铺砂浓度、压裂液残渣、碎屑岩石颗粒及破碎的支撑剂都会影响裂缝的导流能力。清除裂缝壁面的堵塞物可以有效地提高其导流能力，增大油气储层渗透率。裂缝壁面堵塞物主要来源于压裂液残渣，其次为碎屑岩石颗粒和破碎支撑剂。针对这些堵塞物通常有以下几种解决方案。

9.2.1　酸洗

砂岩储层中,对于地层碎屑岩石和破碎支撑剂堵塞物可以采用低浓度的氟硼酸液进行酸洗,利用氟硼酸的多级电离,缓慢释放氢氟酸溶蚀储层堵塞物作用,以达到提高裂缝导流能力的目的。但是酸洗施工成本过高,一般很少在压裂作业完成后采用,此处不推荐在玉门油田使用。

9.2.2　生物酶处理

压裂施工常用的增稠剂为瓜尔胶及其衍生物、香豆子胶、皂仁胶等,它们都是由半乳糖与甘露糖组成的多聚糖,其对应的特异性多糖类生物酶在一定的条件下具有很好的破胶效果。生物酶破胶剂虽然具有破胶彻底、残渣量少、对地层的伤害小等优点,但其配伍性、浓度、瓜尔胶浓度、pH、温度等条件对酶活性及其破胶效果都有不同程度的影响。生物酶破胶剂在低温下是一种较好的压裂液破胶剂,但一般的酶只能在温度不高于 75 ℃和 pH为 3.5～7.5 的条件下进行破胶,而目前常用的胍胶压裂液的 pH 都要求大于 7.5,两者之间存在严重的矛盾,而且地层温度远远超过生物酶所能适应的温度,故其在大多数油田来说并不具有可操作性。

9.2.3　防返胶剂

清除压裂液残渣、提高胍胶压裂液的破胶效率对于提高裂缝导流能力有着至关重要的作用。胍胶水基压裂液主要为氧化性破胶,其破胶原理为使用氧化剂打破胍胶分子结构使其变为较小的分子便于返排。高效、环保的破胶剂可以大大提高其破胶效率,能够避免因破胶不彻底或返胶造成残渣堵塞裂缝,研究发现抗坏血酸(维生素 C)和亚硫酸氢钠可以有效地使胍胶压裂液破胶变为小分子结构,比常规的过硫酸铵破胶剂效果好,并且破胶液不存在返胶现象,大大降低了压裂液残渣对储层的伤害,提高了裂缝导流能力,从而提高油气产量。

压裂液循环使用过程中,采用返排液配制的压裂液在使用常规破胶剂破胶后,放置一段时间会再次交联,由此可推测在压裂液返排过程中会因为压裂液的再次交联形成聚合物沉淀造成裂缝壁面堵塞,降低了水力裂缝的长效导流能力。为了消除此影响,在室内实验测试过程中,向已交联的压裂返排液基压裂液中分别加入 0.01%、0.02%、0.03%、0.04%或 0.05%的抗坏血酸或亚硫酸氢钠。多次实验测试后发现,当浓度大于等于 0.05%时不仅可以使已经交联的压裂返排液基压裂液破胶,还可以阻止其再次交联,说明胍胶分子被彻底打碎为小分子结构。而当浓度低于 0.05%时则破胶不彻底,压裂液还具有明显的黏度。对比之下,相对于常用的过硫酸铵破胶剂,抗坏血酸和亚硫酸氢钠具有更好的破胶效果,能很好地解除聚合物沉淀对裂缝壁面的堵塞,推荐使用。

9.3　酒东高应力储层缝网压裂适应性评价与实例计算

9.3.1　评价方法

对于特定储层是否适合压裂形成有效的裂缝网络以获得较大的改造体积，其影响因素较多且复杂。现今的技术手段难以准确定量获得一些资料信息，加之国内裂缝监测技术等不完善，使得影响压裂效果的各个参数评价既有定量评价，也有定性评价。

对储层进行缝网压裂增产改造，需要事先评估两个方面的内容。一方面是储层的可压裂性，即对其进行压裂施工的有效性；另一方面则是压裂后是否能够形成足够复杂有效的缝网。其中，前者关于储层的可压性评价，主要取决于岩石力学参数与岩石矿物组成，故可通过这两个方面的指标进行计算评价。国外体积压裂主要用于页岩储层，但其储层推荐参数对于国内缝网压裂研究亦具有一定的借鉴意义。

对于某区块缝网压裂而言，可以利用有限的数据初步评价区块缝网压裂的适应性。选用岩石矿物组分、岩石脆性(弹性模量、泊松比、岩石脆性指数)、天然裂缝发育情况(裂缝密度、裂缝强度)与地层水平主应力为缝网压裂效果的关键影响因素，各因素间关系结构模型如图 9-22 所示。

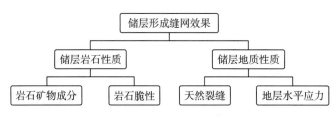

图 9-22　因素关系结构模型

对相关影响因素进行两两对比，建立数值判断矩阵及因素权重，如表 9-4 所示。在表 9-4 中，若考虑天然微裂隙发育对缝网压裂效果的影响程度明显重要于岩石矿物组分的影响，则对应矩阵位置取值为标度 5。

表 9-4　数值判断矩阵及权重

因素	岩石矿物成分	岩石脆性	天然裂缝发育	地层水平主应力	层次排序权重
岩石矿物成分	1	1/2	1/4	1/5	0.078
岩石脆性	2	1	1/3	1/2	0.148
天然裂缝发育	5	3	1	1/2	0.312
水平主应力	3	2	1/2	1	0.462

矩阵最大特征根 $\lambda_{max}=4.1507$

标度 1：两个因素同等重要；　　　　　标度 3：一个因素比另一个稍微重要；
标度 5：一个因素比另一个明显重要；　标度 7：一个因素比另一个强烈重要；
标度 9：一个因素比另一个极端重要；　标度 2、4、6、8：上述两相邻判断的中值对判断矩阵进行一致性验证，由式(9-14)和式(9-15)计算随机一致性比率：

$$C_I = \frac{\lambda_{\max} - n}{n-1} \tag{9-14}$$

$$C_R = \frac{C_I}{R_I} \tag{9-15}$$

式中，C_I 为一致性指标，用于度量判断矩阵偏离一致性的程度；R_I 为平均随机一致性指标，当矩阵阶数为 4 时，其值为 0.9；C_R 为随机一致性比率，表 9-4 的判断矩阵的 C_R 计算为 0.0558，而当 $C_R<0.1$ 时，认为判断矩阵具有合理的一致性。

为了便于定量评价储层形成裂缝网络的可能性，需要将各个影响参数(具有不同的数值大小与范围)进行标准化处理，随后将标准化后的各个影响参数与权重进行加权得到用于压裂适应性评价的最终评分。

岩石脆性(采用脆性指数进行评价)、天然裂缝发育情况与压后裂缝网络复杂度呈正相关关系，而岩石矿物成分(矿物成分影响脆性，采用黏土含量进行评价)与地层水平主应力差异(采用地层水平最大最小主应力之比进行评价)呈负相关关系。呈正相关关系的影响因素标准化为正向指标式(9-16)，负相关关系的影响因素转化为逆向指标式(9-17)。

$$\begin{cases} S = 1, \ A > A_{ul} \\ S = \dfrac{A - A_{ll}}{A_{ul} - A_{ll}}, \ A_{ul} \geq A \geq A_{ll} \\ S = 0, \ A < A_{ll} \end{cases} \tag{9-16}$$

$$\begin{cases} S = 1, \ A < A_{ll} \\ S = \dfrac{A_{ul} - A}{A_{ul} - A_{ll}}, \ A_{ul} \geq A \geq A_{ll} \\ S = 0, \ A > A_{ul} \end{cases} \tag{9-17}$$

式中，S 为评价分数；A 为某影响因素数值；A_{ul} 为影响因素评价参考上限；A_{ll} 为影响因素评价参考下限。

经过标准化处理后，各个影响因素转化为[0,1]区间内的标准化评价分数。最后将各个单因素得分求和即可得到区块的总评分。

9.3.2　评价分数计算

基于前述缝网压裂适应性评价理论和方法，根据岩石矿物组成，取心岩石脆性(弹性模量、泊松比、岩石脆性指数)、天然裂缝发育情况(裂缝密度、裂缝强度)和地层水平主应力几个参数，对比酒东区块和国内外缝网压裂典型区块，分析酒东高应力储层缝网压裂适应性。

1. 岩石矿物组成

根据酒东区块部分井岩心取样全岩矿物分析结果，由各项指标计算平均值代替区块对应指标。虽然岩石矿物组成因素分析时所关注的重点为脆性矿物，而黏土为岩石脆性的反向指标，故可以采用黏土含量对岩石矿物组成进行评分，通过文献主要调研了各缝网压裂典型区块的黏土含量数据，如表 9-5 所示。

表 9-5　酒东及缝网压裂典型区块黏土含量对比

参数	酒东区块	巴尼特	伍德福德	四川龙马溪组
黏土含量/%	15.58	24.00	27.00	28.00

黏土含量为岩石矿物含量与缝网压裂的反向指标，根据黏土含量数据，采用式(9-18)计算各区块岩石矿物组成评分，如表 9-6 所示。

$$\begin{cases} YM_{B_r} = \dfrac{YM_c - YM_{cmin}}{YM_{cmax} - YM_{cmin}} \times 100\% \\[2mm] PR_{B_r} = \dfrac{PR_c - PR_{cmin}}{PR_{cmax} - PR_{cmin}} \times 100\% \\[2mm] B_r = \dfrac{YM_{B_r} + PR_{B_r}}{2} \end{cases} \tag{9-18}$$

式中，YM_c 为静态弹性模量；YM_{cmax}、YM_{cmin} 为分别为区域最大、最小静态模量；PR_c 为静态泊松比；PR_{cmax}、PR_{cmin} 为分别为区域内最大、最小静态泊松比；B_r 为脆性指数。

表 9-6　酒东及缝网压裂典型区块岩石矿物组成评分

项目	酒东区块	巴尼特	伍德福德	四川龙马溪组
评分	1.00	0.32	0.08	0.00

2. 岩石脆性

计算岩石脆性需用到岩石的弹性模量和泊松比，对酒东目标区块弹性模量和泊松比取算术平均，并调研国内外缝网压裂典型区块岩石力学参数(弹性模量和泊松比)，如表 9-7 所示。

表 9-7　酒东及缝网压裂典型区块岩石脆性评价相关岩石力学参数

参数	酒东区块	巴尼特	伍德福德	四川龙马溪组
弹性模量/MPa	27936.11	33000.00	16000.00	23000.00
泊松比	0.25	0.25	0.15	0.17

将酒东及缝网压裂典型区块的弹性模量和泊松比代入式(9-18)，计算得到各区块的脆性指数及脆性指数评分，如表 9-8 所示。

表 9-8　酒东及缝网压裂典型区块岩石脆性评价结果

项目	酒东区块	巴尼特	伍德福德	四川龙马溪组
脆性指数/%	85.00	100.00	0.00	31.00
脆性指数评分	0.85	1.00	0.00	0.31

3. 原地地应力差异

储层水平主应力差异是决定压裂裂缝复杂程度的一个重要因素，储层水平主应力差异越小，裂缝在水平方向上转向的难度越低。

根据区块地应力数据，采用前述方法得到区块地应力评分，如表 9-9 所示。

表 9-9　酒东及缝网压裂典型区块的水平主应力

项目	酒东区块	巴尼特	伍德福德	四川龙马溪组
最小水平主应力/MPa	105.00	30.00	28.00	62.00
最大水平主应力/MPa	167.00	35.00	32.00	52.00
地应力评分	0.00	0.56	0.60	1.00

4. 天然裂缝

对于天然微裂缝，由于其分布的非均质性及自身的复杂性，现有技术手段只能通过测井、岩心分析、地震监测等手段进行定性评价。根据多因素综合分析结果，按照储层天然微裂缝发育情况等级进行分数给定：天然微裂缝不发育或几乎不发育(0)，天然微裂缝发育较差(0.2)，天然微裂缝发育中等(0.4)，天然微裂缝发育较好(0.6)，天然微裂缝发育良好(0.8)，天然微裂缝极端发育(1)。

根据所提供的基础资料可知，酒东区块目标层段为裂缝性储层，天然裂缝发育程度为较差到中等水平，故酒东目标层段天然裂缝给分可定为 0.3，国内外对比区块天然裂缝发育情况评分如表 9-10 所示。

表 9-10　酒东及缝网压裂典型区块天然裂缝评分

项目	酒东区块	巴尼特	伍德福德	四川龙马溪组
天然裂缝发育情况	较差—中等	发育	发育	一般发育
天然裂缝评分	0.20	0.70	0.70	0.50

最后利用多个区块数据进行分析获得评价分数，用于比较区块压裂后形成复杂裂缝网络的能力。根据储层岩样矿物组成、岩石脆性、地层水平主应力和天然裂缝发育情况几个方面的得分，引入各指标权重，计算得到各实例井层压裂适应性得分，结果如表 9-11 或图 9-23 所示。

表 9-11　酒东及缝网压裂典型区块缝网压裂总评分

项目	酒东区块	巴尼特	伍德福德	四川龙马溪组
压裂适应性评分	0.27	0.65	0.50	0.66

由表 9-11 可以看出，酒东区块缝网压裂适应性不算好，其缝网压裂适应性评分远低于其他缝网压裂示范区块，甚至不及其他区块的 1/2，因此按本评价体系，在该区块实施缝网压裂的难度和成本将会很高。

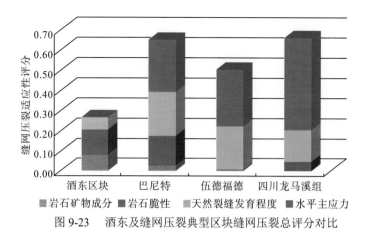

图 9-23   酒东及缝网压裂典型区块缝网压裂总评分对比

9.4   提高裂缝有效长度的施工参数优化

压裂时油气藏增产的重要工程措施是以一定的经济成本为基础,通过油气藏的增产实现经济效益。为使经济效益最大化,有必要进行压裂施工参数优化。本节通过模拟不同施工参数下裂缝的延伸情况,对比分析得出区块压裂施工参数推荐值。

现阶段评价缝网压裂效果的方法主要有两大类:SRV 体积法和缝网有效长度法。由于 SRV 体积法为一笼统规则形状的几何体模型,故存在主观性太强,长、宽、高测量的误差太大等缺点,并且难以明确表征改造体积内裂缝的疏密程度,因此并不适合定量分析优化参数。相反,缝网有效长度法则通过计算整个复杂裂缝的有效累计长度(裂缝缝宽大于 3 倍支撑剂粒径的裂缝被认定为有效支撑裂缝,剪切破坏裂缝为有效剪切裂缝),来表征实际复杂裂缝与油气储层的接触面积,反映最终压裂的效果,缝网有效长度法的优点在于物理意义明确,结果不受复杂裂缝网络疏密程度的影响,而且能够定量计算,排除人为因素,因而本节优化模拟采用该方法评价压裂效果。

图 9-24 所示为一个适合缝网压裂区块的某水平井单段三簇裂缝形态模拟图。可以看出,裂缝延伸出现了复杂的不规则转向作用,多处天然裂缝均被有效沟通,整个缝网有效长度达到 3214 m,将大幅度实现油气的增产。

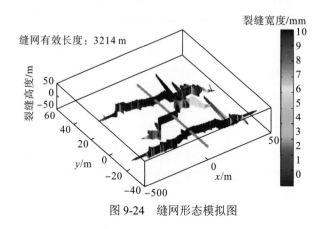

图 9-24   缝网形态模拟图

9.4.1 天然裂缝数值化模型与案例井压裂施工模拟

储层发育的天然裂缝、裂隙的分布、尺寸、走向等特征复杂，难以精确确定，且对水力裂缝延伸造成影响。根据玉门油田酒东目标区块的地质资料及实验结果显示，区块天然裂缝发育程度为差到中等，因此模拟压裂裂缝延伸时有必要考虑天然裂缝的影响。

针对地下随机天然裂缝的数值化，国外表征储层裂缝、裂隙的方法常有裂缝区域等效法、正交网格法或者离散裂缝法。而离散裂缝法是目前最广泛适用于水力压裂模型的方法。其特点在于能够根据已有裂缝资料按照一定算法形成区域内的离散裂缝，尽可能地模拟目标区域的裂缝发育特征。

不同于人为预先设置裂缝位置（该方法实际操作烦琐且人为控制因素太大）、完全随机裂缝模型（没有任何规律，不能表现储层裂缝特性），以及均匀分布离散裂缝模型（能够表现储层裂缝尺寸、走向等特征，但裂缝分布不合理），目前较成熟合理的裂缝数值化方法是分形离散裂缝法，其确定裂缝尺寸、走向等与均匀分布离散裂缝法一致，但是在裂缝位置分布上采用分形几何确定。其核心思想在于，尽管储层发育裂缝位置较为随机混乱，但其在不同大小区域内的分形数却趋近于同一常数，利用此特性就可以更加合理地表征裂缝分布位置的内在规律性。根据酒东区块目标层段天然裂缝发育情况，模拟得到天然裂缝分布，如图 9-25 所示。

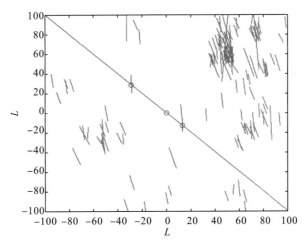

图 9-25　100m×100 m 裂缝模拟结果

基于边界元数值算法进行压裂模拟，在定液量的前提下优化压裂液排量。以 C3 井为例，C3 井下沟组压裂模拟主要输入参数如表 9-12 所示。

表 9-12　酒东 C3 井压裂模拟输入参数

弹性模量 /GPa	泊松比	渗透率/($\times 10^{-3} \mu m^2$)	抗张强度 /MPa	有效厚度/m	压裂液黏度 /(mPa·s)	$\sigma_H (\sigma_h)$ /MPa	孔隙度 /%	压缩系数 /MPa^{-1}
17.16	0.161	41.3	3.61	14.3	20	156(96)	11.7	2.306

首先模拟 C3 井下沟组实际施工泵注程序下裂缝的延伸形态，按施工泵注程序设置模拟输入参数，施工泵注程序如表 9-13 所示。

表 9-13　C3 井下沟组压裂泵注程序表

序号	时间/(h:min)	泵注程序	泵注量/m³	泵压/MPa	套压/MPa	排量/(m³·min⁻¹)	砂比/%	砂量/m³	备注
1	16:58	试压	100MPa						—
2	17:02~17:45		55.5	81.1~86.1	28.6~31.7	3.1~3.3	—	—	基液
3	17:45~17:51		25	86.5~88.1	27.1~30.1	3.5~4.0	—	—	交联液
4	17:51~17:54		12	90.4~88.3	30.1~29.5	4.0~4.2	2.5	0.31	段塞
5	17:54~17:59		19	90.3~92.2	29.5~29.3	4.0~4.2	—	—	交联液
6	17:59~18:02	前置液	11	92.2~89.7	29.1~28.6	4.0~4.2	6.4	0.7	段塞
7	18:02~18:05		15	89.5~90.4	28.3~28.0	4.0~4.2	—	—	交联液
8	18:05~18:09		13	89.3~84.1	27.9~30.6	4.2~4.4	6.9	0.9	段塞
9	18:09~18:14		24	83.5~84.5	29.5~28.9	3.9~4.0	—	—	交联液
10	18:14~18:16		10	83.4~83.4	28.6~28.5	4.0~4.2	11.3	1.13	段塞
11	18:16~18:29		60	83.4~87.1	28.6~28.1	4.4~4.9	—	—	交联液
12	18:29~18:32		13	88.0~86.8	30.6~30.5	4.4~4.8	5.8	0.75	
13	18:32~18:35		13	86.9~86.7	30.5~30.4	4.4~4.8	7.3	0.95	
14	18:35~18:38	携砂液	15	86.3~85.8	30.3~30.2	4.4~4.8	12.9	1.93	
15	18:35~18:48		44	85.6~83.4	30.1~30.0	4.4~4.8	16.5	7.23	
16	18:45~18:52		20	84.1~85.1	30.0~30.1	4.4~4.8	20	4.0	
17	18:52~18:57		21.1	84.5~87.6	30.1	4.4~4.8	15.2	3.2	
18	18:54~19:06	顶替液	41.1	86.5~89.6	30.1	4.5~5.1	—	—	
19	19:06~19:36		停泵测压降，泵压为 69.00~62.45 MPa						

注：17:12~17:45 因管线渗漏停泵整改。

根据上述施工参数，考虑天然裂缝，模拟得到 C3 井下沟组压裂裂缝形态及缝宽分布分别如图 9-26 和图 9-27 所示。图中，裂缝的有效缝网长度为 194 m。

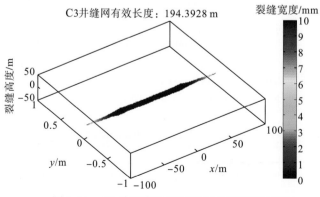

图 9-26　C3 井下沟组实际施工压裂缝三维形态

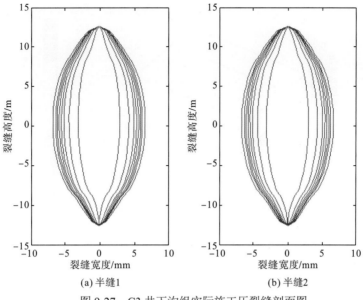

(a) 半缝1　　　　　　　　(b) 半缝2

图 9-27　C3 井下沟组实际施工压裂缝剖面图

从图 9-26 和图 9-27 可以看出，C3 井下沟组压裂裂缝宽度较大，说明缝内净压力较高，但即使如此，仍未见有天然裂缝被有效开启，说明在本区块较高的地应力及地应力差条件下天然裂缝开启难度很大。接下来，以 C3 井下沟组压裂为例，模拟不同施工参数下裂缝的延伸形态，从而进行压裂施工参数的优化。

9.4.2　压裂液排量优化

对于实施缝网压裂来说，压裂液排量是其中一项重要的工程参数。其核心在于同等条件下，较高的排量会使流体在缝内更容易形成高净压力。高净压力意味着水力裂缝的裂缝宽度更大，诱导应力效应更加明显，更容易剪切激活甚至撑开储层中的微裂缝、裂隙，从而形成复杂的裂缝形态。

针对酒东区块案例井，分析模拟定总液量情况下 $1\sim10\ \mathrm{m^3/min}$ 排量的压裂效果（总液量为 $360\ \mathrm{m^3}$，压裂液黏度为 $100\ \mathrm{mPa\cdot s}$）。研究不同排量下玉门油田目标区块各案例井压裂裂缝形态及有效裂缝长度的变化趋势，并根据模拟趋势给出压裂规模优化结果。以酒东目标区块 C3 井数据为例进行计算分析，得到不同压裂液排量下的部分裂缝形态，如图 9-28～图 9-39 所示。

从图 9-28～图 9-39 可以看出，在压裂液排量较低的情况下，主缝长度相对较小，加之由于缝内净压力较低，裂缝宽度也相对较小，最终缝网长度处于较小的水平。随着压裂液排量的提高，裂缝宽度和长度均有明显增大，但是即使当排量提高到 $10\ \mathrm{m^3/min}$ 时，仍未见有天然裂缝被有效开启，因此酒东区块下沟组实现缝网压裂的难度很大。实际上，酒东区块下沟组最小水平主应力接近 $100\ \mathrm{MPa}$。在该地质客观条件下，实现大排量压裂对地面泵车的承压能力要求也将非常高，而如果要开展缝网压裂，则实际施工时排量将超过 $10\ \mathrm{m^3/min}$。

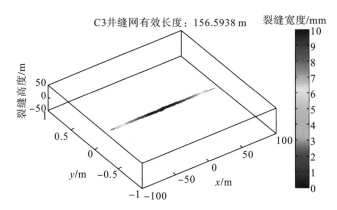

图 9-28　C3 井不同排量下裂缝形态模拟（排量为 1 m³/min）

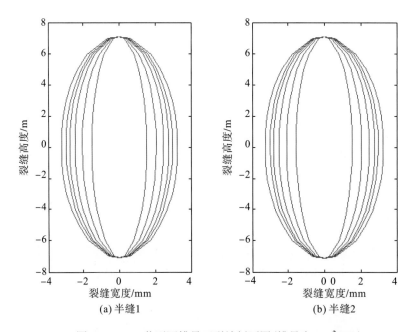

(a) 半缝1　　　　　　　　　　　　(b) 半缝2

图 9-29　C3 井不同排量下裂缝剖面图（排量为 1 m³/min）

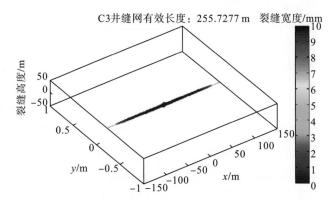

图 9-30　C3 井不同排量下裂缝形态模拟（排量为 3 m³/min）

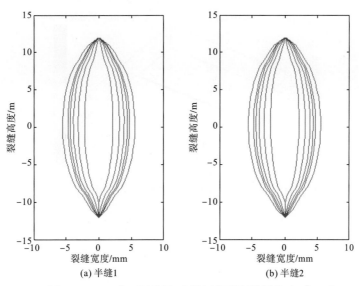

(a) 半缝1　　　　　　　　　(b) 半缝2

图 9-31　C3 井不同排量下裂缝剖面图（排量为 3 m³/min）

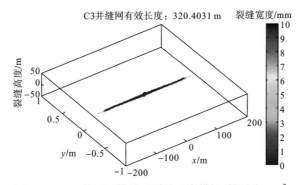

图 9-32　C3 井不同排量下裂缝形态模拟（排量为 5 m³/min）

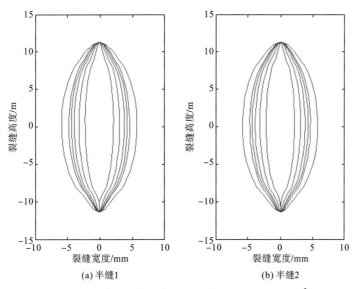

(a) 半缝1　　　　　　　　　(b) 半缝2

图 9-33　C3 井不同排量下裂缝剖面图（排量为 5 m³/min）

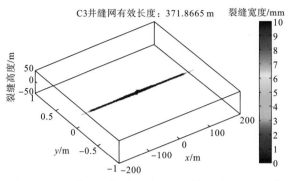

图 9-34　C3 井不同排量下裂缝形态模拟(排量为 7 m³/min)

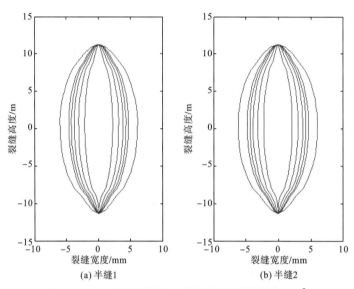

(a) 半缝1　　　　　　　　　　　(b) 半缝2

图 9-35　C3 井不同排量下裂缝剖面图(排量为 7 m³/min)

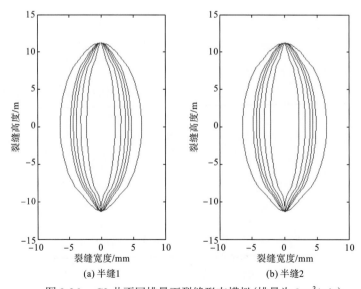

(a) 半缝1　　　　　　　　　　　(b) 半缝2

图 9-36　C3 井不同排量下裂缝形态模拟(排量为 9 m³/min)

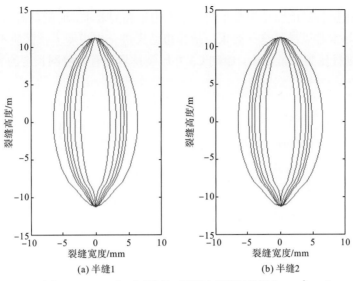

(a) 半缝1　　　　　　　　　　　(b) 半缝2

图 9-37　C3 井不同排量下裂缝剖面图(排量为 9 m³/min)

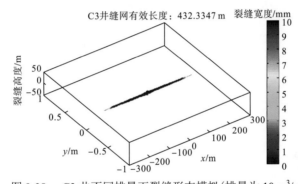

图 9-38　C3 井不同排量下裂缝形态模拟(排量为 10 m³/min)

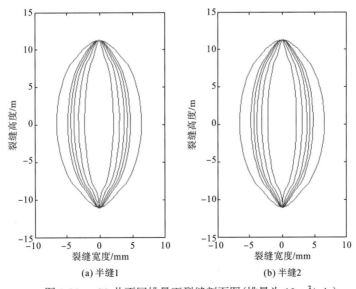

(a) 半缝1　　　　　　　　　　　(b) 半缝2

图 9-39　C3 井不同排量下裂缝剖面图(排量为 10 m³/min)

　　采用更高排量将对地面压裂泵车的功率提出更高的要求，而就目前的制造水平来说，现有压裂设备基本难以满足这一要求。故模拟结果进一步说明了该区块不适合开展缝网压裂工艺。为进行压裂排量优化，绘制 C3 井压裂排量与有效缝网长度的关系曲线图，如图 9-40 所示。

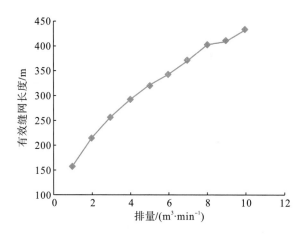

图 9-40　C3 井压裂排量与有效缝网长度的关系曲线

　　从图 9-40 可以看出，定液量条件下，随着压裂液排量的提高，压裂缝有效长度总体上呈增大的趋势，但增大速率越来越慢，曲线最后增大速率变缓，说明在较高排量下，提高压裂液排量对于增大缝网有效长度的贡献不再明显。为进一步分析提高排量对有效缝网长度增大的贡献，绘制了 C3 井压裂液排量与有效缝网长度增长率的关系曲线并进行拟合，如图 9-41 所示。

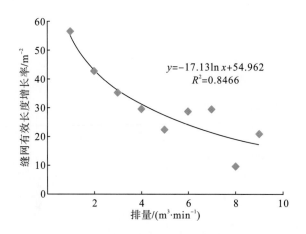

图 9-41　C3 井压裂液排量与有效缝网长度增长率的关系曲线

　　从图 9-41 可以看出，虽然随着压裂液排量的提高，单位压裂液排量提高对有效缝网长度的增大贡献程度出现了一些波动，但是总体上这个贡献呈减弱趋势。从拟合曲线可以看出，压裂液排量为 4～6 m³/min 时，压裂液排量提高对于有效缝网长度的增大仍具有客观的贡献。值得说明的是，虽然在 6 m³/min 之后，缝网有效长度随压裂液排量的提高还会有一定程度的增大，但是由于本区块地应力很高，因此实际施工难以满足更高的排量要求，故综合施工设备功率等客观条件，推荐该井压裂液排量为 4～6 m³/min。

9.4.3　压裂液黏度优化

在优化分析时，黏度在 5～140 mPa·s 区间变化，排量为 5 m³/min，总液量为 360 m³。基于案例井 C3 井下沟组资料模拟不同黏度下压裂裂缝形态，并分析黏度对缝网有效长度的影响规律，模拟所得裂缝形态和裂缝截面如图 9-42～图 9-53 所示。

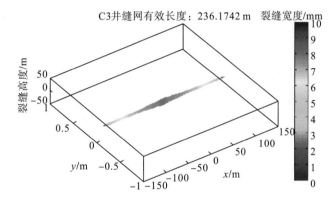

图 9-42　C3 井不同压裂液黏度下裂缝形态模拟（黏度为 5 mPa·s）

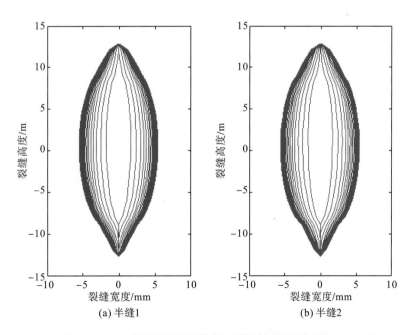

(a) 半缝1　　　　　　　　　　　(b) 半缝2

图 9-43　C3 井不同压裂液黏度下裂缝剖面图（黏度为 5 mPa·s）

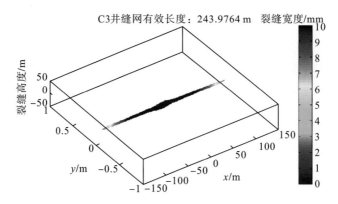

图 9-44　C3 井不同压裂液黏度下裂缝形态模拟（黏度为 20 mPa·s）

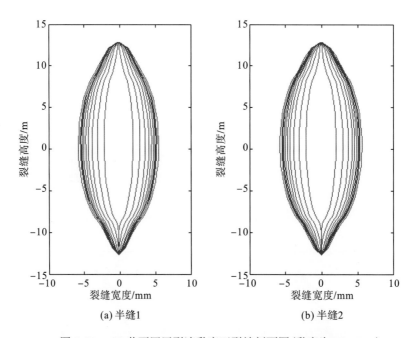

(a) 半缝1　　　　　　　　　　　　　　　　　　(b) 半缝2

图 9-45　C3 井不同压裂液黏度下裂缝剖面图（黏度为 20 mPa·s）

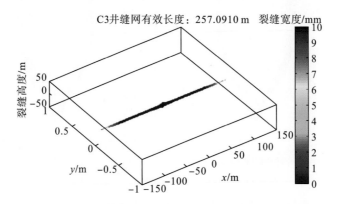

图 9-46　C3 井不同压裂液黏度下裂缝形态模拟（黏度为 50 mPa·s）

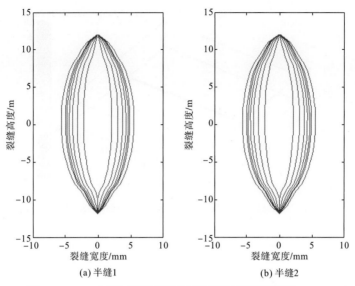

图 9-47　C3 井不同压裂液黏度下裂缝剖面图（黏度为 50 mPa·s）

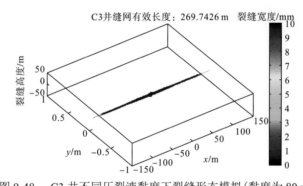

图 9-48　C3 井不同压裂液黏度下裂缝形态模拟（黏度为 80 mPa·s）

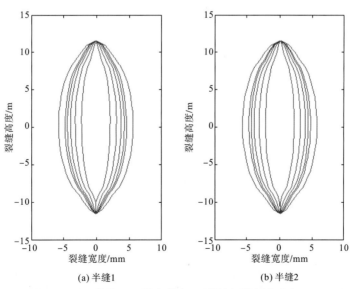

图 9-49　C3 井不同压裂液黏度下裂缝剖面图（黏度为 80 mPa·s）

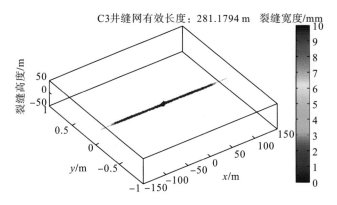

图 9-50　C3 井不同压裂液黏度下裂缝形态模拟（黏度为 125 mPa·s）

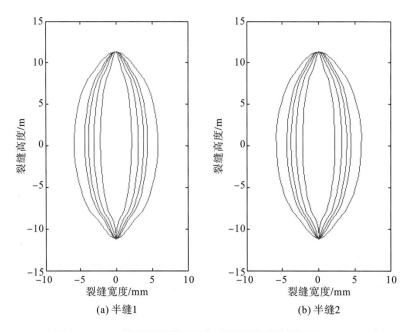

(a) 半缝1　　　　　　　　　　　(b) 半缝2

图 9-51　C3 井不同压裂液黏度下裂缝剖面图（黏度为 125 mPa·s）

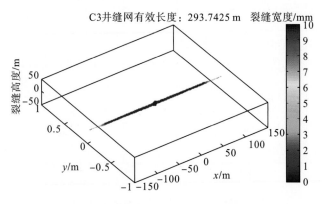

图 9-52　C3 井不同压裂液黏度下裂缝形态模拟（黏度为 140 mPa·s）

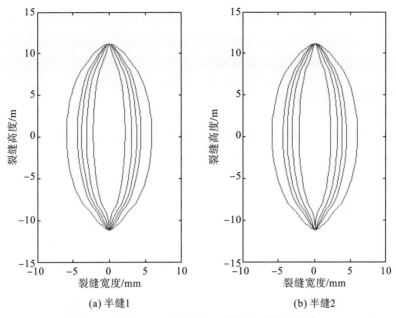

(a) 半缝1　　　　　　　　　(b) 半缝2

图 9-53　C3 井不同压裂液黏度下裂缝剖面图(黏度为 140 mPa·s)

从以上不同黏度下裂缝剖面图上各尺寸剖面线的密度可以看出,在低黏度下裂缝宽度相对较小,而裂缝上不同位置的剖面线分布更倾向于外侧(即宽度和高度较大的剖面线更为密集),由于裂缝尖端为远井端,说明从井筒沿裂缝的延伸方向至裂缝尖端以前,裂缝的宽度和高度变化不是很剧烈;而随着压裂液黏度的提高,剖面线组成的高密度带逐渐向内部移动,相对于低黏度情况,高密度带的密度有一定的减小,当黏度继续增大后,裂缝的剖面线分布逐渐趋于相对均匀,说明在较高黏度压裂液作用下,裂缝宽度和高度沿裂缝延伸方向减小更为明显,这是由于较高黏度压裂液在缝内的流动相对于较低黏度压裂液所需要克服的阻力更大。

根据以上的模拟结果,绘制 C3 井不同压裂液黏度下的缝网有效长度关系曲线,如图 9-54 所示。

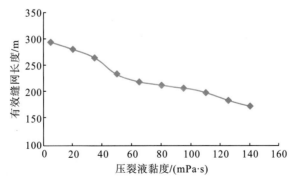

图 9-54　C3 井不同压裂液黏度下的缝网有效长度关系曲系

从图 9-54 可以看出,定液量和排量条件下,采用不同压裂液黏度施工,压裂缝网有效长度存在一定的变化,在较低黏度区域内缝网有效长度相对较大,在较大黏度区域内缝网有效长度相对较小。从提高产能的角度来说，应选择较低黏度的压裂液，但是过低的黏度存在携砂困难的缺点，考虑到压裂液黏度成本效应不是十分明显，因此实际情况下，应结合施工排量、支撑剂粒径优选压裂液黏度，使其满足较好的携砂性能即可。

9.4.4 压裂液液量优化

从物质平衡理论上讲，体积压裂压裂液液量要求大排量。因此排量越大，改造体积也相应增大，从而获得更好的效果。但是，压裂液液量与改造效果并呈非线性关系，而且实际生产施工也需要限制压裂液液量(即压裂规模)。因此，从经济角度来说，有必要进行压裂液液量优化。

同样，以 C3 井下沟组为例，模拟不同总液量下的体积压裂改造效果，从而优化压裂液液量，其中设定排量为 5 m³/min，压裂液黏度为 110 mPa·s。模拟液量在 150~650 m³ 区间变化时，不同压裂液液量下的缝网形态，部分模拟结果如图 9-55 至图 9-60 所示。

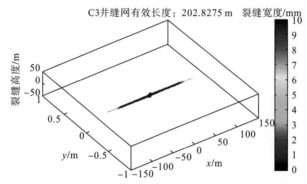

图 9-55   C3 井不同压裂液液量下缝网有效长度(150 m³)

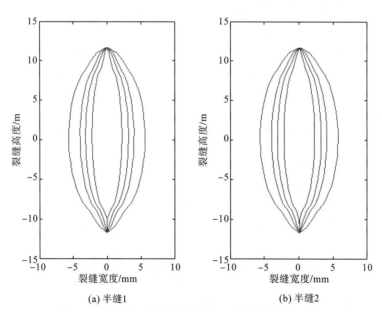

(a) 半缝1   (b) 半缝2

图 9-56   C3 井不同压裂液液量下裂缝剖面形态(150 m³)

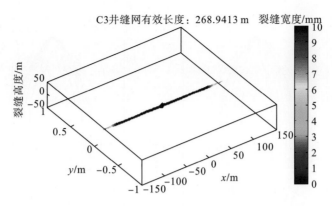

图 9-57　C3 井不同压裂液液量下缝网有效长度（250 m³）

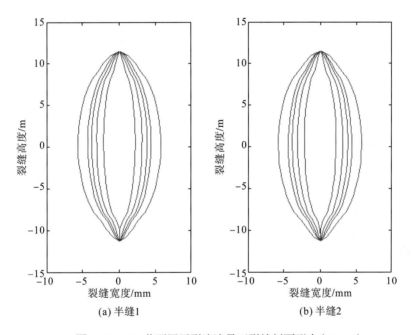

(a) 半缝1　　　　　　　　　　　(b) 半缝2

图 9-58　C3 井不同压裂液液量下裂缝剖面形态（250 m³）

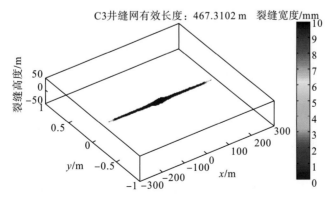

图 9-59　C3 井不同压裂液液量下缝网有效长度（600 m³）

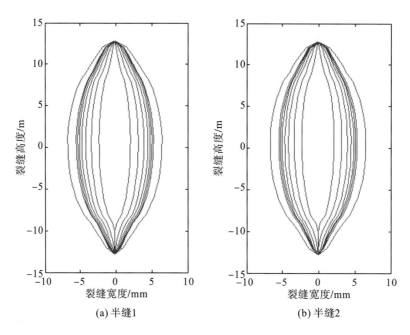

(a) 半缝1   (b) 半缝2

图 9-60   C3 井不同压裂液液量下裂缝剖面形态(600 m³)

从图 9-55～图 9-60 可以看出，随着压裂液液量的提高，缝网有效长度总体上呈增大趋势，这一现象从物质平衡的角度可以得到解释。绘制 C3 井不同压裂液液量与缝网有效长度的关系曲线，如图 9-61 所示。

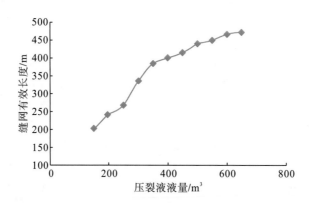

图 9-61   C3 井不同压裂液液量与缝网有效长度的关系曲线

从图 9-61 中可看出，随着压裂液液量的提高，压裂缝网有效长度呈增大趋势，但在不同压裂液液量区间，缝网有效长度随压裂液液量的增大呈波动性变化，总体上是缝网有效长度随压裂液液量提高先大幅度增大，而后增大速率变缓。在 350 m³ 左右，增大速率第一次减缓，因此推荐该井目标层段压裂液液量在这个数值附近。

参 考 文 献

[1] Bartko K M, Arocha C I, Mukherjee T S, et al. First application of high density fracturing fluid to stimulate a high pressure and high temperature tight gas producer sandstone formation of Saudi Arabia[C]. SPE, 2009: 118904-MS.

[2] 肖晖, 郭建春, 何春明. 加重压裂液的研究与应用[J]. 石油与天然气化工, 2013, 42(2): 168-172.

[3] 段志英. 高压深井压裂液加重技术研究进展[J]. 断块油气田, 2010, 17(4): 500-502.

[4] 段志英. 国外高密度压裂液技术新进展[J]. 国外油田工程, 2010, 26(6): 32-33, 37.

[5] 张成娟, 彭继, 王俊明, 等. 高温深井加重压裂液流变性研究[J]. 青海石油, 2014, 32(1): 94-96.

[6] 郭永宾. 高温超压井地层破裂压力预测技术[D]. 北京: 中国石油大学, 2010.

[7] 邓金根, 刘杨, 蔚宝华, 等. 高温高压地层破裂压力预测方法[J]. 石油钻探技术, 2009, 37(5): 43-46.

[8] 黄禹忠. 降低压裂井底地层破裂压力的措施[J]. 断块油气田, 2005(1): 74-76, 93-94.

[9] 彪仿俊, 刘合, 张劲, 等. 螺旋射孔条件下地层破裂压力的数值模拟研究[J]. 中国科学技术大学学报, 2011, 41(3): 219-226.

[10]彭玛. 酸压控缝高新工艺及模型研究[D]. 成都: 西南石油大学, 2014.

[11]Peng Y, Li Y M, Zhao J Z. A novel approach to simulate the stress and displacement fields induced by hydraulic fractures under arbitrarily distributed inner pressure[J]. J Nat Gas Sci Eng, 2016(35): 1079-1087.

[12]Zhao J Z, Peng Y, Li Y M, et al. Analytical model for simulating and analyzing the influence of interfacial slip on fracture height propagation in shale gas layers[J]. Environ Earth Sci, 2015,73(10): 5867-5875.

[13]陈锐. 控缝高水力压裂人工隔层厚度优化设计方法研究[D]. 成都: 西南石油大学, 2006.

[14]罗天雨, 王嘉淮, 赵金洲, 等. 多裂缝防治措施研究[J]. 断块油气田, 2006(6): 40-42, 91-92.

[15]袁征, 杨洪锐, 兰丽娟, 等. 煤岩压裂多裂缝风险识别及防治机理研究[J]. 煤矿安全, 2020, 51(2): 20-24.

[16]汪平, 董联合, 田保权, 等. 胡庆油田水力压裂多裂缝的认识及防治措施[J]. 内江科技, 2006(3): 146-147.

[17]陈铭, 张士诚, 柳明, 等. 水力压裂支撑剂嵌入深度计算方法[J]. 石油勘探与开发, 2018, 45(1): 149-156.

[18]吴国涛, 胥云, 杨振周, 等. 考虑支撑剂及其嵌入程度对支撑裂缝导流能力影响的数值模拟[J]. 天然气工业, 2013, 33(5): 65-68.

[19]尚世龙. 致密油蓄能压裂压后关井及放喷制度研究[D]. 北京: 中国石油大学(北京), 2017.

[20]Tada H, Paris P C, Irwin G R.The Stress Analysis of Crack Handbook[M]. New York: ASME Press, 2000.

[21]赵金洲, 彭玛, 林啸, 等. 考虑复杂应力分布的数值缝宽计算模型及其应用[J]. 石油学报, 2016, 37(7): 914-920.

[22]Warpinski N R,Teufel L W. Influence og geologic discontinuities on hydraulic fracture propagation[J]. Journal of Petroleum Technology, 1987, 39(2): 209-220.

[23]赵金洲, 彭玛, 李勇明, 等. 层间滑移对缝高延伸影响的模拟分析[J]. 新疆石油地质, 2013, 34(6): 661-664.